Abbé **PAILLIEZ**

Mon Voyage

A

Jérusalem

DU 23 AVRIL AU 3 JUIN 1885

TROYES
IMPRIMERIE PAUL BAGE
1912

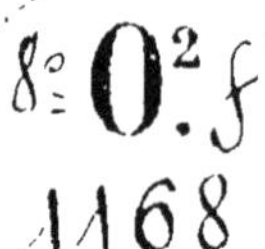

St-Jean-de-Bonneval, Juillet 1912.

PROLOGUE

Mes chers paroissiens,

Je viens aujourd'hui vous proposer un petit voyage, une promenade, si vous aimez mieux, sur terre et sur mer. Je pense vous faire plaisir, car, si un voyage fait en bonne compagnie est toujours une récréation agréable, il le sera bien davantage pendant les longues soirées d'hiver, si ennuyeuses quelquefois. Le temps des frimas passera sans que vous vous en doutiez et sans aucune fatigue, car vous pourrez fermer le livre quand vous voudrez et faire le long du chemin autant de stations qu'il vous plaira. Sans quitter votre chambre bien chaude, votre foyer pétillant, sans courir le moindre danger, vous traverserez la mer et les terres et vous raviverez des souvenirs édifiants plus ou moins effacés de votre mémoire.

Le voyage, en effet, moyennant certaines conditions, est toujours utile et instructif. On y entend tant de monde, on y voit tant de pays et tant de choses inconnues auxquelles on n'avait jamais songé, et, pourvu qu'on soit attentif et un peu observateur, pourvu qu'on ne s'en tienne par trop obstinément à sa petite manière de voir, aux idées qu'on a puisées dans le coin étroit où l'on a vécu jusqu'alors, le cercle des idées s'étend, les connaissances augmentent et se développent, les opinions se modifient, la vie et les affaires se montrent sous un autre jour, et on juge plus sainement des hommes et des choses.

Pour cela deux conditions sont requises : il faut d'abord que le terme du voyage, c'est-à-dire le pays à visiter, soit intéressant par son histoire, ses villes et ses monuments, par son industrie, ses produits, son commerce, par les mœurs et les habitudes de ses habitants ; il faut ensuite que la société avec laquelle on voyage soit honnête, instruite, bienveillante, charitable, de vie et de mœurs irréprochables.

Or nous allons en Orient, le pays du soleil, le berceau du genre humain, nous allons en Palestine, en Terre-Sainte, la patrie des patriarches, des prophètes, du Sauveur du monde, le théâtre de la rédemption des hommes. Quel pays plus riche en souvenirs de toutes sortes ? Les savants visitent avec avidité, avec passion, la Grèce, Athènes, à cause de ses guerriers fameux, de ses orateurs célèbres, de ses poètes et de ses philosophes renommés. Ils s'extasient devant les ruines du Parthénon et de l'Acropole ; mais combien plus émouvants, plus attendrissants Bethléem, Nazareth et Jérusalem, le Thabor et le Calvaire ! Là, ce n'est pas seulement l'esprit qui est charmé, c'est le cœur qui se remplit d'émotions, l'âme tout entière qui goûte le bonheur et la joie.

Assurément la compagnie des savants est agréable, mais celle des pèlerins qui nous accompagnent ne l'est pas moins, parce que, parmi les pèlerins, il y a des savants, des écrivains, des poètes, des artistes, et que tous ces pèlerins sont chrétiens ; que riches et savants regardent tous leurs compagnons, si petits qu'ils soient, comme leurs frères, et emploient leurs richesses et leur science à aider les autres dans les embarras et à les soulager dans leurs besoins.

Ces pages sont le récit exact de ce que j'ai vu, l'expression fidèle des sentiments que j'ai éprouvés, des émotions que j'ai ressenties, consignés chaque jour sur mon journal. Je n'emprunte rien à personne, sinon quelques détails de géographie ou d'histoire qui sont d'ailleurs du domaine de tout le monde.

Au lieu de déflorer, par une analyse si fidèle qu'elle soit, le récit des miracles que je rapporte, je cite intégralement les paroles, quelquefois du sujet du miracle, souvent celles de l'auteur, toujours celles des témoins du fait miraculeux. Elles conservent ainsi tout leur parfum, toute leur saveur, toute leur divine simplicité, caractères indiscutables de leur authenticité.

---

†

Mon Voyage à Jérusalem

du 23 Avril au 3 Juin 1885

I

De Pougy à Caïffa

Sens — Lyon — Marseille — Notre-Dame-de-la-Garde — La Corse — Le Stromboli — La Sicile — Candie — Caïffa.

Aller à Jérusalem, quel bonheur ! quelle joie !

Dès mon enfance, j'ai désiré aller à Jérusalem et suivre sur la terre de Palestine la trace des anciens patriarches et du Sauveur du monde. En étudiant, à l'école, l'Histoire sainte, en lisant l'Evangile et l'Ancien-Testament, j'étais profondément impressionné par les histoires si émouvantes et si merveilleuses de Jacob, de Joseph, de David, de Notre-Seigneur Jésus-Christ : le Jourdain et la mer de Galilée, Sichem et Béthel, Bethléem et Nazareth, le Thabor et le Calvaire, revenaient continuellement à mon esprit, et mon imagination enfantine les parait des plus séduisantes couleurs. Mon rêve le plus ardent était d'aller visiter ces lieux renommés et de vivre quelques jours de la vie de ceux qui les avaient rendus célèbres.

Dans un dîner de confirmation à Lesmont, en 1877, Monseigneur Cortet, de douce mémoire, racontait, avec son talent bien connu et un charme qui nous captivait, son voyage en Terre-Sainte. Et, se tournant vers moi, il dit : « Il faut, vous, Curé de Pougy, aller à Jérusalem. » Cette parole raviva mon désir et fixa ma résolution. Oui, j'irai à Jérusalem.

Je m'ingéniai à faire des économies. Plusieurs personnes charitables, et surtout quelques anciens paroissiens de Vaupoisson, à qui j'avais confié mon projet et aussi, hélas ! ma pénurie financière, vinrent généreusement à mon aide. La somme nécessaire fut réalisée, Monseigneur autorisa et bénit mon voyage, et le matin du 23 avril 1885, après avoir célébré la sainte messe et embrassé ma mère, je pris congé de ma paroisse, et je partis sous la protection de mon Ange gardien.

Nous étions deux pèlerins du diocèse de Troyes, prêtres tous les deux : M. l'Abbé Marelle, Curé de Rouilly-Sacey, mort en 1899 curé de Messon, et moi.

Sens. — M. Marelle était allé prendre le train à Paris, moi j'allai l'attendre à Sens.

Je profitai du temps dont je pouvais disposer pour visiter la ville et sa magnifique cathédrale, dont les bourdons ont une renommée très étendue. Sens, située dans une plaine fertile sur la rive gauche de l'Yonne, est une ville très ancienne et qui a joué un certain rôle dans l'antiquité. Elle était la capitale de ces Gaulois sénonais qui, sous la conduite de Brennus, firent une invasion en Italie et s'emparèrent de Rome, 389 ans avant Jésus-Christ. Sous la domination romaine, elle devint le chef-lieu de la IVe Lyonnaise. Le Christianisme y fut implanté de très bonne heure par les saints Savinien et Potentien, qui y souffrirent le martyre. A l'extrémité de la ville, il y a, sous le vocable de saint Savinien, une église dont la table d'autel est la pierre sur laquelle le saint fut martyrisé. Cette pierre est encore toute rougie du sang du saint martyr ; il n'y a pas d'autre consécration que celle-là.

Plusieurs conciles ont été tenus à Sens, et en particulier celui de 1140 où, par les soins de saint Bernard, furent condamnées les erreurs d'Abélard.

Sens, aujourd'hui, est la Métropole de notre province ecclésiastique.

A Sens, M. Marelle, qui avait déjà fait des connaissances et dont le compartiment était à peu près au complet, ne me donna aucun signe de vie. J'en fus un peu étonné, et, après avoir attendu quelque temps, mais en vain, j'entrai dans un compartiment absolument vide.

Je m'étais bien proposé, puisque je faisais un pèlerinage de pénitence, de rester seul, autant que possible, et de ne faire société avec personne en particulier ; mais l'isolement absolu n'est pas de circonstance en pèlerinage : pas de chants, pas de prières en commun, pas d'édifiantes conversations, pas de ces mots qui jaillissent spontanément du cœur, qui révèlent les âmes et font naître les sympathies. A chaque arrêt du train, je descendais sur les quais et j'invitais, mais sans succès, prêtres et laïques à venir partager ma solitude. Je me résignais donc à passer la nuit tout seul, quand, vers 11 heures ou minuit, deux prêtres, espérant trouver un peu plus de large et de bien-être, vinrent me demander l'hospitalité : c'étaient M. l'abbé Marelle et son ami, M. l'abbé Clément, curé de Saint-Parres-les-Vaudes, qui l'accompagnait jusqu'à Marseille.

De Sens à Marseille, le trajet fut peu intéressant. Nous traversâmes, la nuit, la Bourgogne et le Nivernais, et, après un assez court arrêt à Lyon, où je pus cependant dire la sainte messe et saluer de loin Notre-Dame de Fourvières, nous continuâmes notre route.

Lyon, seconde ville de France, est baignée par la Saône et le Rhône et dominée par la montagne de Fourvières, berceau du Lyon converti à la foi. Fondée 41 ans avant Jésus-Christ, Lyon atteignit sous les premiers empereurs romains un haut degré de prospérité. Agrippa en fit le point de départ des quatre grandes voies militaires qui traversaient les Gaules. Trajan y traça un Forum qui porta son nom et qui devint le théâtre du martyre des saints Pothin et Irénée, premiers évêques de Lyon, et de 20.000 autres chrétiens au commencement du IIIe siècle.

Attila saccagea la ville et renversa la plupart des monuments romains. Pendant la Terreur, la Convention ordonna que Lyon serait détruite et porterait le nom de *Cité affranchie*, mais Napoléon répara ses ruines et lui rendit son nom.

Lyon compte 7 faubourgs, 55 places publiques, 25 quais ou cours et 17 ports. Ses principaux monuments sont : la Primatiale, église Saint-Jean, l'Hôtel de Ville, l'Archevêché et la Préfecture.

Lyon est surtout connue dans le monde catholique par le célèbre pèlerinage de N.-D. de Fourvières. Saint Pothin avait apporté d'Asie à Lyon une statuette de la Très Sainte Vierge Marie, qui fut toujours en grande vénération parmi les chrétiens de la ville. Cette statue avait été cachée pendant la Terreur par un pieux jardinier qui la rendit au cardinal Fesch après la tourmente. Elle fut replacée dans sa chapelle réparée et purifiée. En 1852, Mgr de Bonald a béni la magnifique statue en bronze doré qui surmonte le clocher de la chapelle. Cette statue mesure 5 mètres 60 centimètres de haut.

Aujourd'hui une vaste basilique s'élève près de l'antique chapelle, insuffisante pour le nombre des pèlerins qui viennent de toutes parts vénérer Marie sur la sainte montagne.

Les pays que nous traversons : le Dauphiné et la Provence, paraissent, sur la ligne que nous suivons, montagneux et déserts.

En approchant de Marseille, un Père dominicain et quelques autres voyageurs viennent prendre place à nos côtés. Ils sont aimables et gais ; ils nous parlent de la mer avec enthousiasme, mais ils nous font du mal de mer une description peu rassurante.

Le temps est brumeux, il fait froid, une pluie fine se met à tomber, la nuit nous enveloppe déjà de ses ombres et la tristesse m'envahit. Je pense à ma mère que j'ai laissée seule, au vide que mon absence fait autour d'elle ; je me représente aussi les fatigues du long voyage que j'entreprends, les difficultés d'un trajet à cheval dans des sentiers à peine frayés et souvent bordés de précipices, et les dangers de la traversée. La mer a ses caprices et n'est pas toujours clémente, et pour nous, champenois, qui n'avons aucune expérience de la navigation, le moindre coup de vent, le moindre jeu des vagues, peuvent occasionner des incommodités fort désagréables. A cela s'ajoutent les tracas prochains du transport des bagages, au milieu de la cohue et dans les ténèbres, puis les lenteurs de l'enrôlement pour les places à bord. J'étais singulièrement ennuyé et je regrettais presque de m'être mis en route. Enfin, tout est terminé ; j'ai vu le bateau, je connais ma cabine, mes bagages sont placés, la tristesse disparait et je gagne gaiement, en compagnie de plusieurs pèlerins, l'Hôtel Continental, où nous descendons.

Marseille et Notre-Dame-de-la-Garde. — Après une nuit qui aurait été excellente, si elle n'eût été si courte, nous gravissons, dès le matin, la colline de Notre-Dame-de-la-Garde, où nous avions rendez-vous. Au sommet de cette haute colline, se trouve une vaste chapelle, de style romano-byzantin, dédiée à la Très Sainte Vierge Marie, patronne et protectrice de la ville de Marseille. Le clocher monumental, qui, depuis 1864, se dresse au-dessus de l'édifice, est couronné par une statue de Marie, en galvanoplastie, de 10 mètres de haut. Par un temps clair et calme, les navigateurs de la Méditerranée l'aperçoivent à plus de 20 lieues.

Mais les pèlerins arrivent en groupes pressés, la chapelle se remplit, les prêtres occupent les autels, et les cloches annoncent l'arrivée de Mgr Robert, évêque de Marseille, qui vient célébrer la messe pour nous et qui nous fait un discours très goûté. Après la messe, avertissements et recommandations du R. P. Bailly, directeur du pèlerinage, vœu d'obéissance à la direction et sacrifice de sa vie, distribution des croix de pèlerinage, prières de l'itinéraire : « Que le Seigneur tout-puissant et miséricordieux nous dirige dans la voie de la paix et du bonheur et que l'Ange Raphaël nous accompagne dans le voyage afin que nous revenions dans nos foyers sains et saufs avec la paix et la joie dans l'âme. » Ensuite, dernière bénédiction de Monseigneur.

De Notre-Dame-de-la-Garde, nous avons une vue magnifique sur la ville, qui se déroule à nos pieds, avec son port, ses places et ses monuments, et sur la mer qui s'étend sans limites devant nous.

Marseille, une des plus grandes, des plus riches et des plus commerçantes villes de France, fut fondée par une colonie Phocéenne, 600 ans environ avant Jésus-Christ. Son port, un des plus vastes et des plus sûrs de notre marine marchande, peut contenir jusqu'à 1.200 navires.

Dès l'origine du christianisme, Marseille fut éclairée des lumières de la foi. C'est là, en effet, qu'abordèrent, avec quelques autres disciples, Marthe, Marie-Madeleine et leur frère Lazare (1), qui, quatre jours après sa mort à Béthanie, avait été ressuscité par Notre-Seigneur Jésus-Christ.

Les Juifs, en haine de Jésus-Christ et pour se débarrasser des témoignages trop formels et trop précis qu'ils rendaient de sa divinité et de sa résurrection glorieuse, les avaient embarqués sur un vaisseau privé de gouvernail et de voiles, les abandonnant au gré des vents, dans l'espoir qu'ils seraient engloutis par les flots. Mais les anges se firent les pilotes du vaisseau et les exilés vinrent débarquer, sans accident, à Marseille. Lazare devint le premier apôtre et le premier évêque de la ville. Marie-Madeleine se retira à quelque distance de la ville, dans une grotte, aujourd'hui connue sous le nom de Sainte-Baume, où elle passa le reste de ses jours dans la prière et la pénitence. Marthe remonta le Rhône jusqu'à Tarascon, qu'elle délivra d'un monstre malfaisant et qu'elle édifia par la pratique des vertus chrétiennes.

Rentré en ville, je la parcourus assez longtemps pour les derniers préparatifs du voyage. Vers 10 h. 1/2, j'arrivai au port de la Joliette, où le bateau nous attendait. Je m'embarquai avec joie, content de me reposer un peu et de me préserver des rayons brûlants du soleil.

A midi, Son Eminence le Cardinal Lavigerie, archevêque d'Alger, arrivé la veille, vint avec Monseigneur de Marseille, pour bénir la croix élevée sur le pont du bateau. Cette croix, haute de 7 mètres, a la mesure exacte de celle de Notre-Seigneur, qu'une pieuse tradition nous a conservée. Du haut de la passerelle, le cardinal nous parle longuement, avec beaucoup de facilité, de cœur et d'esprit. Il nous bénit une dernière fois avec Mgr Robert et regagna la ville.

Vers 1 heure, on leva l'ancre et le bateau gagna insensiblement le large. Deux ou trois coups de canon annoncèrent notre départ, et *La Bourgogne* se mit sérieusement en marche. C'était le moment des émotions : la terre nous fuyait et nous nous trouvions comme seuls au monde, portés par les flots au-dessus de l'abîme. Déjà nous n'entendions plus les vœux que la multitude, garnissant les quais, nous adressait ; nous ne voyions que les mouchoirs s'agiter. Tout cessa bientôt, et le chant de l'*Ave maris stella* nous avertit de ne plus penser à la terre et de mettre toute notre confiance en Dieu et en Marie. Quel moment solennel et saisissant ! Marseille s'enfonça bientôt dans les flots, Notre-Dame-de-la-Garde elle-même disparut à son tour, et le soir nous avions tout-à-fait perdu la terre de vue.

---

(1) Voir plus loin.

Que de fois j'avais désiré me trouver ainsi au milieu de l'immensité ! Mais la mer était si calme, le temps si paisible, le ciel si beau, et le vaisseau glissait si mollement qu'on repoussait toute pensée de danger possible.

Le bateau qui nous transportait était le paquebot « *La Bourgogne* », des transports maritimes, qui fit naufrage depuis. Il était commandé par M. J.-B. Caffa et monté par un équipage sympathique et bienveillant. Le directeur du pèlerinage était le R. P. Vincent de Paul Bailly, des Augustins de l'Assomption ; un des principaux pèlerins était M. l'abbé Ricard, chanoine honoraire, alors secrétaire particulier de Mgr l'évêque de Rodez, et aujourd'hui archevêque d'Auch.

Le lendemain, 25 avril, je me levai parfaitement reposé. Le temps était beau et le vent frais ; mais, sans m'attarder le moins du monde, je me rendis à la chapelle pour la messe. L'arrière du bateau est converti en chapelle. Des toiles tendues à 4 ou 5 mètres de haut forment les voûtes de l'édifice et nous préservent des rayons du soleil ; d'autres, retombant de là jusqu'aux bastingages, servent de murs latéraux et nous garantissent du vent. Au fond de cette chapelle s'élève le maître-autel, avec son tabernacle et Jésus dans l'Eucharistie, divin compagnon de notre traversée. Depuis l'entrée de la chapelle jusqu'au maître-autel, sur deux lignes à droite et à gauche du bateau, 17 ou 18 autels portatifs sont dressés chaque matin, et les 140 prêtres du pèlerinage, divisés par groupes de 8 à 10 et attachés à un autel particulier, peuvent célébrer la sainte messe, tous les jours, sans encombrement et sans attente fatigante.

Quel beau spectacle, 140 messes célébrées, tous les jours, sur le bateau ! La Méditerranée a-t-elle jamais vu merveille pareille ? Elle fut le théâtre de toutes les grandes phases de l'histoire profane et sacrée ; elle a porté la fortune de cent peuples divers ; elle a vu les royaumes s'écrouler, l'empire du monde changer de place ; mais a-t-elle jamais vu 140 messes, tous les jours, sur ses flots ? Ce spectacle était réservé à notre temps et c'est notre IVe pèlerinage de pénitence qui l'a inauguré.

La Corse. — A 8 h. 1/2, nous apercevons les montagnes neigeuses de la Corse et les rivages moins élevés, mais plus sauvages, de la Sardaigne. A midi, nous entrons dans les Bouches de Bonifacio. Ce détroit, large de 12 à 15 kilomètres, est semé de récifs et n'offre un passage sûr que par un temps absolument calme. En 1855, un vaisseau français, *La Sémillante*, conduisant des troupes en Crimée, a fait naufrage dans ces eaux. Du pont du bateau, on aperçoit la flèche du monument élevé sur la côte, en souvenir de ce malheur. Nous nous rendons à la chapelle et nous chantons un *De profundis* pour ces 800 malheureuses victimes.

L'île de Corse a 42 lieues du Nord au Sud et 20 de l'Est à

l'Ouest. Les Génois, qui la possédaient depuis très longtemps, l'ont cédée à la France vers le milieu du XVIIIe siècle, juste à temps pour nous donner l'homme que Dieu avait suscité pour nous délivrer des hontes et des cruautés de la Révolution.

Napoléon a été diversement jugé, car jamais, peut-être, personne n'a excité autant d'enthousiasme et autant de répulsion ; jamais personne ne s'est attiré autant d'amour d'un côté, ni autant de haine de l'autre. Néanmoins, personne ne peut nier que Napoléon fut un homme prodigieux et l'un des plus grands capitaines du monde. Personne jamais n'a conçu aussi promptement et aussi parfaitement que lui le plan d'une expédition ou d'une bataille. Personne n'a élevé si haut la gloire militaire de son pays. Jamais les armées françaises n'ont remporté de si brillantes victoires, ni moissonné tant de lauriers que sous sa conduite. Napoléon n'a été vaincu ni par le génie, ni par les nombreux bataillons de ses ennemis ; mais par les éléments et par la négligence de ses lieutenants qui ne surent pas toujours observer strictement la consigne, ni exécuter scrupuleusement ses ordres.

Napoléon avait une belle et noble mission à remplir, mais il ne sut pas la comprendre et n'en réalisa qu'une partie. Il devait être le restaurateur et le protecteur de la Religion catholique en France; mais il en prit ombrage, et, après l'avoir rétablie par le Concordat (1801), il mit des entraves à son libre exercice par les Articles organiques, et il finit par la persécuter dans la personne du Souverain-Pontife Pie VII. Aussi Dieu l'abandonna, la victoire le trahit, et, exilé du monde, il alla mourir sur le rocher de Sainte-Hélène.

Vers 4 heures du soir, la mer grossit, le tangage s'accentue et le mal de mer fait son apparition. Des dames remontent des cabines la figure toute bouleversée et assiègent les bastingages. Quelques prêtres aussi ont le cœur mal à l'aise, et la mer, sans s'inquiéter, continue à faire le gros dos ; les vagues se heurtent et commencent à moutonner. On est dans l'attente, on craint. Un éblouissement me passe subitement dans la tête ; mais je me lève, je marche au grand air et tout se dissipe bientôt. Sur le soir la mer se calme, les figures s'épanouissent et tout rentre dans l'ordre.

Avant d'aller plus loin, donnons l'ordre de la journée.

L'heure du lever est facultative, mais on ne peut commencer les messes qu'à 5 heures. A 6 heures, la messe de communauté ou de paroisse, comme on l'appelait, célébrée par les directeurs du pèlerinage. C'était aussi la messe de communion et de nombreux pèlerins venaient, chaque jour, s'agenouiller à la Table sainte. A 9 heures, premier chapelet à la chapelle, et, à 11 heures, le dîner. A 1 heure de l'après-midi, second chapelet à la chapelle. Quelquefois ces chapelets étaient prêchés et, toujours, après chaque dizaine, quelques couplets de cantiques. A 3 heures, le chemin de la croix, prêché ordinairement et terminé par une procession sur le bateau. A 6 h. 1/2, le souper, et à 8 heures, dernier chapelet, instruction, prière et salut. A 10 heures, silence absolu sur le pont et dans les cabines.

La vie à bord était tout à fait la vie d'une communauté religieuse. Pouvait-il en être autrement dans un pèlerinage de pénitence à Jérusalem ? Outre tous ces exercices auxquels il eût été scandaleux de manquer, les prêtres avaient encore à dire leur bréviaire, et à rédiger leur petit journal.

Après le souper, on se réunissait sur le pont pour causer, pour se promener. On chantait des cantiques, des petites chansonnettes qui dissipaient l'ennui et rompaient la monotonie du voyage. M. l'abbé Robin, curé de Boucq, diocèse de Nancy, excellait dans ce genre de récréation, dont il était l'initiateur.

Le 26, dimanche, le temps est admirable, malgré un peu de brume dans l'air. La messe solennelle, à laquelle tout l'équipage assiste en grande tenue, est chantée avec entrain. Le coup de canon, qui annonce la consécration, donne peur à un vaisseau italien, qui se hâte d'arborer son pavillon.

Le Stromboli et la Sicile. — A 2 heures de l'après-midi, le commandant nous signale à l'horizon, émergeant des flots, les premiers rochers de la Sicile. A 3 heures, nous passons devant le Stromboli, une des îles Lipari, toute volcanique. Son principal cratère, haut de 700 mètres, vomit, pour nous saluer, quelques bouffées de vapeurs rougeâtres, vivement acclamées. C'est dans ces îles que la Mythologie plaçait le royaume d'Eole, le dieu des vents, et les forges de Vulcain. A 11 heures, nous étions en plein dans le détroit de Messine et nous avions franchi les deux écueils, si redoutés des anciens, Charybde et Scylla.

La Sicile, située en face de la pointe sud-ouest de l'Italie, dont elle n'est séparée que par le détroit, est la plus grande des îles de la Méditerranée. Elle a 70 lieues de long et 45 de large. A cause de sa situation avantageuse entre l'Italie, l'Afrique et l'Espagne, elle fut convoitée par tous les peuples guerriers et conquérants de l'antiquité : les Grecs d'abord qui, 8 à 900 ans avant Jésus-Christ, fondèrent ses principales villes : Syracuse, Agrigente, Catane ; ensuite les Romains et les Carthaginois, qui s'y livrèrent de grands et nombreux combats et qui l'occupèrent tour à tour. La Mythologie la fait habiter par les Cyclopes, qui forgeaient les foudres dans l'Etna, et par le géant Polyphème, qui n'avait au milieu du front qu'un seul œil que lui creva Ulysse (1), après l'avoir enivré. La Sicile est la patrie d'Archi-

(1) Ulysse, père de Télémaque, était roi d'Ithaque, île de la Grèce. Il prit part à la guerre de Troie, en Asie Mineure, 1270 ans avant Jésus-Christ, il fut un des principaux héros qui se distinguèrent dans cette expédition. Après la conquête et la destruction de la ville, son vaisseau, assailli par la tempête, fut jeté au loin. Ulysse courut plusieurs dangers et il erra 10 ans sur la mer, avant de pouvoir rentrer dans sa patrie.

mède, le plus grand géomètre de l'antiquité. Il périt dans le siège de Syracuse par les Romains, 212 ans avant Jésus-Christ.

Saint Luc, au chapitre 28 des Actes des Apôtres, nous dit que saint Paul, à son premier voyage à Rome, aborda en Sicile, déjà visitée par saint Pierre, et qu'il passa trois jours à Syracuse. Il trouva là une chrétienté naissante, dirigée par Marcien, que saint Pierre avait ordonné évêque de cette ville. Il est à croire que pendant ces trois jours, l'apôtre prêcha l'Evangile aux insulaires, qu'il confirma dans la foi les nouveaux chrétiens et qu'il opéra quelques conversions. En passant, nous adressons une prière aux illustres saintes Agathe et Lucie, martyrisées, la première à Catane, en 251, et la seconde à Syracuse, en 304.

Sur la fin du XIIIe siècle, 1282, la Sicile fut ensanglantée par le massacre des Français par les Siciliens, révoltés contre le roi de Naples, Charles d'Anjou, frère de St Louis. Voici à quelle occasion.

A la mort de Frédéric II, empereur d'Allemagne et roi des Deux-Siciles, le pape Urbain IV, pour avoir un protecteur et un défenseur fidèle des droits du Saint-Siège, avait offert la couronne de Sicile, dont il était le suzerain, au frère de St Louis, Charles d'Anjou. Le prince chevaleresque répondit avec ardeur à l'appel du Souverain Pontife (1265). Il soutint les droits de l'Eglise et vainquit ses ennemis. Naples et la Sicile reconnurent sa souveraineté.

Mais, vaillant guerrier, Charles d'Anjou,ne fut pas un administrateur sage et prudent et ne sut pas se concilier l'affection de ses sujets par des ménagements nécessaires. Il les traita avec fierté et les chargea de lourds impôts. Aussi, fatigués de la dureté des Français à leur égard, poussés d'un autre côté par Pierre III d'Aragon, qui convoitait la couronne de Naples, les Siciliens formèrent le projet de se défaire de leurs nouveaux maîtres. Ils choisirent le jour de Pâques pour exécuter leur sinistre complot, et, à l'heure des Vêpres, ils se ruèrent sur les Français sans défiance et sans défense et les égorgèrent.

Ce massacre, connu dans l'histoire sous le nom de Vêpres siciliennes, commença à Palerme et s'étendit dans l'île toute entière.

L'Etna, le principal volcan de l'île, s'élève à plus de 3.000 mètres au-dessus du niveau de la mer ; son cratère a une lieue de tour, et son sommet est couvert de neige et de glace. Par ses éruptions l'Etna causa autrefois de grands dégats dans l'île.

Nous avons tous encore présent à la mémoire le terrible tremblement de terre qui, à la fin de décembre 1909, détruisit Messine et ensevelit, sous les ruines des maisons, une multitude de personnes.

A cause de la nuit, nous ne pouvons rien voir dans le détroit, sauf la lumière des phares sur les côtes et d'autres presque à fleur d'eau et qui paraissent dessiner les quais de la ville. Ces lumières semblent tout près de nous et cependant le détroit est large de 20 à 30 kilomètres.

Le 27, le beau temps continue. C'est la grande pleine mer, mer déserte, aucune voile nulle part, de l'eau, des vagues, des flots. Le 28, même temps. Un peu de houle qui se calme rapidement.

Pourquoi donc, ô ma mère, et vous tous, mes amis de France, vous tourmentez-vous à mon sujet ? Tout va bien, je suis heureux. Que n'êtes-vous tous avec moi !

Candie. Dans l'après-midi, le capitaine nous signale l'île de Candie, l'ancienne Crète, et bientôt on distingue la crête neigeuse de ses montagnes. Cette île, qui a 80 lieues de long et 20 de large, paraît courir avec nous sur les flots ; toute la journée nous la voyons à notre gauche. La Mythologie la désigne comme la patrie des principaux dieux de l'Olympe (1) : Jupiter, le dieu du ciel ; Pluton, le dieu des enfers, et Neptune, le dieu de la mer. Mais, au lieu de nous arrêter à ces ingénieuses fictions, nous lisons, avec un attrait tout particulier, la belle Epître de saint Paul à Tite, son disciple, qui en était évêque. Les Crétois, avant leur conversion, étaient vicieux, méchants et ivrognes. L'apôtre, d'après le témoignage d'un de leurs philosophes, les appelle menteurs, mauvaises bêtes, qui n'aiment qu'à manger et à ne rien faire, et il prescrit à son disciple de recommander aux vieillards, hommes et femmes, la sobriété, la pureté, la décence, la modération. Il veut que les jeunes femmes soient chastes et attachées aux soins de leur ménage, que les jeunes gens soient réglés dans leur conduite et évitent tout excès d'intempérance.

Le 29, l'île a disparu, nous ne voyons plus de son côté qu'un long bandeau de nuages. Le 30, vers le soir, la mer s'agite légèrement ; le vent, toujours frais, devient plus fort : on sent l'approche des terres. Çà et là quelques moutons sur les vagues, ce sont des franges d'argent sur un large manteau d'azur foncé. Demain, nous entrerons en Asie, nous verrons la terre et nous quitterons le bateau.

Le 1er mai, à 4 heures du matin, nous étions en face du Carmel et de la petite ville de Caïffa où le débarquement doit s'opérer. L'hélice cesse de tourner et le bateau s'arrête immobile au milieu des flots, à deux kilomètres environ du rivage. Les ports de l'Orient, appelés Echelles du Levant, sont bien différents de nos ports européens ; ils n'ont pas de profonds bassins pour recevoir les vaisseaux et leur permettre d'aborder les quais de la ville ; mais des récifs à fleur d'eau et des bancs de sable défendent la côte et retiennent les vaisseaux au large, au grand regret des pas-

(1) Montagne au nord de la Thessalie. La Fable en faisait le séjour des dieux.

sagers. Le canon annonce bientôt notre arrivée, et la ville, encore endormie, s'éveille bien vite. La plage se couvre de monde, des barques nombreuses prennent la mer et viennent à notre rencontre.

La terre, que nous n'avions pas touchée depuis huit jours, est à deux pas de nous, et cette terre, c'est la Terre-Sainte ! Le cœur bat dans la poitrine ; on ne tient plus en place, on va, on vient, on cause, on s'agite ; la barque rapide paraît trop lente à notre impatience. Quel spectacle cependant et déjà quelles émotions ! Caïffa apparaît au bord de la mer, à l'extrémité méridionale de la baie de Saint-Jean-d'Acre, avec ses massifs de palmiers, avec ses maisons blanches, terminées en terrasses et tranchant sur le fond vert foncé de la montagne. Le Carmel, si souvent cité dans l'Ecriture, le Carmel, séjour des prophètes Elie et Elisee, et théâtre de tant de merveilles, dresse devant nous sa cime arrondie. Le Carmel, c'est presque encore la patrie : le drapeau de la France flotte sur les murs du couvent des Franciscains, et Marie, la Reine de la France et maîtresse au Carmel, nous accueille à notre débarquement en Palestine.

Je descendis un des premiers du bateau et je montai dans cette chaloupe arabe que des bateliers robustes, au costume pittoresque, à la figure énergique, à l'œil flamboyant, font glisser rapidement sur les flots. En arrivant au port, je me prosternai la face contre terre et je baisai avec respect le sol sacré de la Palestine.

II

Le Carmel — Nazareth — Le Thabor — Capharnaüm — Cana

Après une assez longue attente dans l'église de Caïffa, tous les pèlerins étant réunis, la procession s'organisa. Les chants commencèrent et nous montâmes au Calmel, précédés des cavas d'honneur, en grande tenue, escortés par des soldats turcs qui maintenaient l'ordre au milieu de la population, aux costumes bizarres, bordant la rue étroite de la ville et nous accompagnant dans notre marche. Quand les chants cessent, on dit le chapelet, on médite, on cueille des fleurs, puis on chante de nouveau. Quel spectacle que cette procession de 300 pèlerins, venus de tous les coins de la France, se déroulant à travers les rues d'une ville orientale, passant entre des palmiers, des cactus gigantesques, et montant, sous un soleil de plomb, les pentes verdoyantes et embaumées du Carmel ! Quelle délicieuse matinée !

A la chapelle du Carmel, où nous nous rendons immédiatement, un Père nous souhaite la bienvenue dans un gracieux et bienveillant langage, et nous recevons la bénédiction du Très

Saint Sacrement. Nous pénétrons alors dans le couvent et nous choisissons à volonté, pour la nuit, un lit dans les corridors, transformés en dortoirs. Un lit, c'est-à-dire des couvertures et un matelas sur une natte étendue sans façon sur le carreau.

Le Carmel, ordinairement si solitaire et si paisible, est aujourd'hui rempli de monde et de bruit : des Syriens et des Français, des hommes et des femmes, des prêtres et des laïques, le sillonnent en tous sens avec des costumes les plus bizarres et les plus variés. Des groupes s'assoient à l'ombre des oliviers, d'autres courent aux fontaines ; et les conversations des pèlerins, échangeant leurs impressions, les cris des Syriens vendant ici des oranges, là des cravaches et des manteaux blancs pour le voyage ; la voix lamentable des femmes et des enfants demandant Bakchiche, la voix menaçante des drogmans repoussant cette troupe envahissante, en font le théâtre du plus étrange et du plus assourdissant spectacle.

Quelle idée ne m'étais-je pas faite de la fraîcheur, de la végétation luxuriante, de la flore éclatante et embaumée du Carmel, en entendant l'Ecriture chanter sa richesse et sa beauté ! Le Carmel, hélas ! a éprouvé, lui aussi, les effets de la malédiction divine. Il n'est plus riant, frais, gracieux comme autrefois ; néanmoins, il est beau, malgré sa stérile aridité, et on ne se lasse pas d'admirer sa position, de considérer la mer qui s'étend à ses pieds et qu'il domine de 200 mètres. Quel magnifique panorama aussi ! Au Nord, par-dessus les plaines de Ptolémaïs et les montagnes ondulées de la Galilée, les cimes neigeuses du Liban ; à l'Est, le Thabor et plus loin, les montagnes de Galaad; au Sud, les plaines de la Judée, qui s'inclinent vers la mer ; et à l'Ouest, la Méditerranée, dont les flots limpides reflètent l'azur du ciel et les rayons argentés du soleil. Tout au pied du Carmel, la bourgade de Caïffa, puis des champs de blé, qui forment contraste avec la plaine de sable aride qui borde la mer.

Le Carmel est une montagne qui forme une chaîne d'environ 6 lieues de long et qui se termine dans la mer par un promontoire d'un effet majestueux et pittoresque. Le Carmel est fertile et boisé dans certaines parties ; sa hauteur la plus grande est de 600 mètres.

Dès l'antiquité la plus reculée, le Carmel a été une montagne sainte, où on se rendait de loin pour offrir des hommages au Très-Haut.

Le Carmel était la demeure habituelle des prophètes Elie et Elisée. C'est là qu'Elie confondit les prêtres de Baal et qu'il pria pour obtenir la pluie. Voici en raccourci ces faits relatés en détail dans le IIIe Livre des Rois, ch. XVIII. L'impie Jézabel, épouse d'Achab, roi d'Israël, persécutait les prêtres et les prophètes du vrai Dieu et poussait le peuple à adorer Baal (1), son idole. Pour empêcher l'apostasie d'un plus grand nombre, Elie, en présence de tout le peuple assemblé, fit cette proposition aux prêtres de Baal : Préparons, vous de votre côté et moi du mien, un sacrifice à notre Dieu respectif et engageons-nous à reconnaître pour le vrai Dieu celui qui fera tomber le feu du ciel pour consumer la victime. Toute l'assemblée approuva ces paroles et la proposition fut acceptée. Or, depuis le matin jusqu'à midi, les prêtres de Baal, au nombre de 450, demandèrent, à grands cris, à leur Dieu, de manifester sa puissance, mais Baal resta sourd à leurs supplications. Fatigués, découragés, ils cessèrent leurs prières. Alors Elie invoqua le Seigneur son Dieu, en disant : « Seigneur, Dieu d'Abraham, d'Isaac et de Jacob, faites voir aujourd'hui que vous êtes le vrai Dieu d'Israël. Exaucez-moi, Seigneur, afin que ce peuple qui m'entoure, apprenne que vous êtes le Seigneur Dieu », et aussitôt le feu du ciel tomba sur l'holocauste, embrasa l'autel et consuma la victime. Le peuple, témoin de ce prodige, acclama le Dieu d'Elie et rejeta le culte de Baal. En punition de leur fourberie, les prêtres imposteurs furent massacrés sur les bords du Cison (2).

Depuis trois ans et demi, en punition des impiétés du roi et du peuple d'Israël, il n'était point tombé de pluie, et la terre, affreusement desséchée, ne donnait plus de moissons, les fontaines étaient taries, les ruisseaux à sec, et les troupeaux, sans breuvage et sans pâturages, languissaient. Le roi et le peuple s'adressèrent à Elie. Le prophète se mit en prière et bientôt on vit s'élever de la mer un nuage à peine aussi grand que le pied d'un homme, puis le ciel tout entier se couvrit, la pluie tomba en abondance et la fécondité reparut.

Dès l'origine du christianisme, les solitaires du Carmel, successeurs et imitateurs des prophètes, embrassèrent l'Evangile, érigèrent une chapelle dédiée à la Sainte Vierge. C'est probablement la première chapelle consacrée au culte de Marie.

Dans l'après-midi, nous visitons, sous la conduite du Frère Liévin, franciscain et guide du pèlerinage, le Carmel et ses environs. Le Carmel possède deux grands bâtiments : le monastère lui-même, qui, par sa forme quadrilatère, ressemble à une forteresse et qui est un des plus beaux et des plus solides monuments de la Palestine, et la villa. Cette villa fut construite en 1821 par Abdallah, pacha de Saint-Jean-d'Acre, qui voulait avoir une maison de plaisance pour y prendre le frais, pendant les grandes

(1) Baal, Belus ou Bel, fausse divinité des Chaldéens, des Assyriens, des Babyloniens et des Phéniciens, était probablement le soleil.

(2) Cours d'eau, torrent, qui prend sa source au Sud du Thabor et va se jeter dans la Méditerranée un peu au-dessus de Caïffa.

chaleurs de l'été. Or, pour éviter de trop grandes dépenses, Abdallah, précurseur de nos spoliateurs actuels, fit tout simplement démolir le couvent des Pères et, avec ces matériaux tout préparés, il construisit sa villa. Depuis 1869, elle est surmontée d'un des plus beaux phares de la Méditerranée. C'est dans cette villa que nous prenons nos repas.

Sous le maître-autel de la chapelle du couvent, autel surmonté d'une magnifique statue de la Sainte Vierge tenant l'Enfant Jésus, se trouve une crypte taillée dans le roc et qui est, selon la tradition, la grotte où se retirait le prophète Elie. Cette grotte très étroite ne mesure pas plus de 2 mètres de haut et n'a pour tout ornement qu'un petit autel. La voûte et les parois sont à nu, c'est la roche naturelle.

Devant la porte de cette chapelle, s'élève, au milieu d'un jardin bien frais, une pyramide en pierre marquant le tombeau des soldats français, massacrés par les musulmans en 1799. Dans son expédition d'Egypte, Bonaparte poussa une pointe jusqu'en Syrie, dont il voulait faire la conquête, et vint mettre le siège devant Saint-Jean-d'Acre (1). Mais devant la résistance des Anglais et des Turcs réunis, il dut battre en retraite. Après son départ, les musulmans s'emparèrent du couvent du Carmel, converti en hôpital, dispersèrent les religieux, massacrèrent les soldats blessés qu'on y avait recueillis et laissèrent leurs cadavres gisants sur terre sans sépulture. Ce ne fut que plus tard, en rentrant au couvent, que les religieux recueillirent pieusement les restes de ces malheureux et élevèrent à leur mémoire cette pyramide sur leur tombeau.

A mi-côte, en descendant vers la mer, on rencontre l'Ecole des prophètes. C'est une vaste caverne augmentée de travaux en maçonnerie, où les prophètes étudiaient l'Ecriture sainte et instruisaient les peuples. La tradition rapporte que Marie et Joseph s'y arrêtèrent avec l'Enfant Jésus, en revenant d'Egypte. On montre à gauche une petite excavation, où ils auraient séjourné. Un peu avant d'arriver à l'Ecole des prophètes, on visite la chapelle de saint Simon Stock, à qui la Sainte Vierge a révélé la dévotion du saint scapulaire.

De là, nous allons, un tout petit nombre, jusqu'à la fontaine et au jardin d'Elie, à une heure de marche. Sur le chemin, nous rencontrons les ruines d'une bourgade depuis longtemps détruite. C'est là que St Louis, en retournant en France, après la mort de

(1) Ville très ancienne et place forte de la Syrie. Cette ville joua un grand rôle pendant les Croisades. Prise d'abord en 1104 par les Croisés sur les Musulmans, elle fut reprise en 1187 par Saladin. Après un siège de 3 ans les Croisés s'en emparèrent de nouveau en 1191, mais elle retomba au pouvoir des Musulmans en 1290.

sa mère, fut poussé par la tempête. Le pieux monarque profita de ce contre-temps pour monter au Carmel remercier la Sainte Vierge et visiter les solitaires. On trouve aussi dans ces parages les ruines du couvent dont les religieux massacrés par les musulmans firent donner à cette vallée le nom de Vallée des Martyrs. Rien à voir à la fontaine d'Elie, rien à apprendre que des traditions, des légendes, et beaucoup de fatigue à endurer.

Nazareth. — Le lendemain, 2 mai, nous nous mettons en marche pour Nazareth. Après avoir célébré la sainte messe et pris un frugal déjeûner, nous descendons la montagne et nous choisissons, au milieu des 300 montures qui nous attendent, celle qui nous convient le mieux. Mais que de temps pour s'organiser ! Les dames s'effraient, celui-ci ne veut pas d'âne, celui-là se plaint d'avoir un trop mauvais cheval. Enfin, la caravane s'ébranle au chant de l'*Ave maris stella* et on dit un dernier adieu au Carmel.

Pour la marche, nous étions divisés en cinq sections, ayant chacune son drapeau particulier. En tête de la caravane marchaient le F. Liévin, le P. Bailly et un drogman portant le drapeau français ; à la suite, chaque groupe, avec son fanion, dans l'ordre qui lui avait été assigné. Arrivé au lieu du campement, le drogman chef plantait au milieu de la place le drapeau tricolore, autour duquel les cinq drogmans particuliers plantaient les leurs. Les pèlerins se rangeaient près de leur fanion et venaient y prendre leur monture au moment du départ. C'était un vrai bataillon avec ses diverses compagnies. Chaque groupe avait un chef laïque et un chef spirituel. Le chef laïque était chargé de maintenir l'ordre, la discipline, et d'empêcher la confusion des groupes ; de veiller à ce que le drogman et les moukres rendissent aux pèlerins les services dont ils avaient besoin. Le chef spirituel avait la mission d'entretenir l'esprit de prière et de foi et de donner, aux heures indiquées, le signal pour la récitation du chapelet. Les dames faisaient un groupe particulier et voyageaient séparément, soit en avant, soit en arrière de la caravane.

Faut-il parler de notre costume ? Nous portions tous, prêtres et laïques, des manteaux blancs, semblables aux burnous des Arabes. Sur notre chapeau, une large pièce d'étoffe blanche descendant par devant jusqu'à la hauteur des yeux et par derrière jusqu'au bas des épaules. Couvre-nuque et manteau blanc volaient en toute liberté au gré des vents. N'était-ce pas pittoresque? Ajoutez à cela un parasol presque toujours ouvert et devant les yeux des lunettes aux verres de couleur foncée et vous aurez une idée de notre accoutrement. Ces yeux noirs, ces ailes blanches, toujours en mouvement, nous faisaient ressembler à des êtres fantastiques et nous donnaient un air presque farouche capable d'effrayer les plus intrépides. En France, nous aurions soulevé les rires et excité les lazzis de tous ceux qui nous auraient vus.

Après un quart d'heure de marche environ, nous traversions, mais à cheval cette fois, la petite bourgade de Caïffa que nous avions traversée la veille à pied et chargés de nos bagages. Caïffa ne compte guère plus de 2.000 habitants, la plupart chrétiens. Elle avait plus d'importance autrefois, car elle fut le siège d'un évêché et au temps des Croisades, elle était sous la juridiction de Tancrède (1).

En sortant de Caïffa, nous entrons dans la plaine de Ptolémaïs et nous longeons à droite la chaîne du Carmel. Le F. Liévin nous indique l'endroit où Elie offrit à Dieu son sacrifice et confondit les prêtres de Baal.

Après plusieurs courses au galop, nous arrivons au torrent du Cison, si connu par la victoire que Débora, prophétesse et juge d'Israël, remporta sur Sisara, général de Jabin, roi des Chananéens, vers 1360 avant Jésus-Christ. L'armée des Chananéens était innombrable et possédait 900 chariots armés de faux. Débora et Barac, chefs de l'armée d'Israël, n'avaient que 10.000 hommes. Néanmoins, la défaite des Chananéens fut telle que Sisara s'enfuit à pied et se cacha dans la tente de Jahel, qui le tua pendant son sommeil en lui enfonçant dans la tempe un clou qui le fixa à terre. Une multitude de Chananéens périrent et le Cison entraîna leurs cadavres. (Livre des Juges, ch. IV.)

Mais il n'y a pas de pont sur le Cison et ce torrent est assez profond et ses rives escarpées. Nous ne sommes pas tout à fait sans crainte. C'est de tradition, du reste, dans l'histoire des pèlerinages, qu'on ne traverse point ce torrent sans que quelques pèlerins, renversés de cheval, ne prennent un bain forcé. Tout va bien cependant, et nous faisons halte sur la rive opposée. Deux heures plus tard, nous entrons dans une vallée plantée d'oliviers, c'est le lieu choisi pour le déjeûner.

Une natte étendue par terre sert de table. On s'assied ou l'on se couche à la façon de nos moissonneurs, et on mange avec appétit ses deux œufs durs et sa viande froide. Les dames, si difficiles, si exigeantes chez elles, ne dédaignent pas la vaisselle en fer battu et trouvent délicieux ces mets, vraiment peu savoureux. Le vin est tiède et l'eau, puisée à la fontaine ou dans le courant du ruisseau, peu fraîche ; néanmoins tout le monde est content ; on cause, on rit, on est gai. Après le déjeûner, pour la sieste, on s'étend au pied d'un arbre, on roule une pierre sous sa tête et on

---

(1) Tancrède, neveu de Bohémond, duc de la Pouille et de la Calabre, en Italie, mais d'origine normande, prit la croix avec son oncle et devint par sa vaillance et ses exploits un des principaux héros de la première Croisade. Il obtint la principauté de Galilée, dont Tibériade fut la capitale.

cherche à dormir pour tromper la fatigue et faire oublier la chaleur étouffante.

Il n'était guère que deux heures quand on se remit en marche ; le soleil était brûlant et la chaleur insupportable dans cette étroite vallée. Nous arrivons enfin sur un petit plateau et le vent frais vient nous ranimer.

Cependant le soleil baissait à l'horizon, et Nazareth n'arrivait pas : ce ne fut qu'à la nuit noire que nous fîmes notre entrée dans cette ville. Des enfants venus à notre rencontre par delà les montagnes, nous saluaient en disant : Bonn soir, mon Père, nous sommes du pays du petit Jésus. Quel gracieux bonjour ! et comme ce français, parlé par des Arabes à 1. 200 lieues de mon pays, me faisait plaisir ! Et quand, du sommet de la colline, je découvris la ville à mes pieds, quand j'entendis les cloches sonner l'*Angelus* et célébrer notre arrivée, que ne se passa-t-il pas dans mon cœur ? *Ave, Maria !*

Sur la place, au bas de la montagne, la population était réunie pour nous souhaiter la bienvenue. On abandonne ses montures aux mains des moukres et on se rend à l'église de l'Annonciation pour remercier Dieu et recevoir la bénédiction du Très Saint Sacrement. On descend ensuite au campement, situé dans la plaine en avant de Nazareth. C'est la première nuit sous la tente.

Nazareth, qui signifie fleur, n'est mentionnée nulle part avant Jésus-Christ. Saint Luc le premier en parle dans son Evangile et on la connaissait à peine. Aussi, quand saint Philippe parla à Nathanaël de Jésus de Nazareth, en lui laissant entendre qu'il pourrait bien être le Messie, il en reçut cette réponse : « Que peut-il sortir de bon de Nazareth ? »

Aujourd'hui, tout le monde connaît cette petite ville de la Galilée, étalant en amphithéâtre, sur le versant méridional de la colline, ses maisons blanches sans toit ni cheminées. Son site est agréable et son aspect gracieux : des montagnes l'enferment de tous côtés, excepté sur le midi. Quel dommage que ces montagnes soient si arides et si nues et que, dans la ville, il n'y ait pas un peu de verdure et de fraîcheur ! C'est à Nazareth que l'Ange Gabriel annonça à Marie le mystère de l'Incarnation ; à Nazareth que Jésus vécut pendant 20 ans dans l'obéissance, le travail et la pauvreté. « Après la mort d'Hérode (1), l'ange du Seigneur apparut à Joseph pendant son sommeil, en Egypte, et lui dit : « Levez-vous, prenez l'Enfant et sa Mère et retournez dans le

(1) Cet Hérode, dont il sera encore question plus loin, est Hérode le Grand ou l'Ascalonite, ainsi appelé d'Ascalon, son pays. Il naquit 68 ans avant Jésus-Christ. A 20 ans il avait obtenu des Romains le gouvernement de la Galilée. Plus tard, il devint roi de Judée.

pays d'Israël, car ceux qui voulaient le faire périr, sont morts. Joseph se leva aussitôt et, prenant l'Enfant et sa Mère, il se mit en chemin pour revenir dans la terre d'Israël ; mais apprenant qu'Archélaüs régnait en Judée à la place d'Hérode, son père, il craignit de s'y arrêter et, sur un nouvel avertissement du ciel, il se retira en Galilée et vint habiter de nouveau la ville de Nazareth. » Ces montagnes, cette plaine, tout ce qui frappe nos regards, le Dieu fait homme l'a vu de ses yeux mortels ; ses pieds divins ont foulé le sol où nous marchons, traversé les rues au milieu desquelles nous circulons ; l'écho de ces montagnes qui redit nos refrains, nos hymnes et nos cantiques, a redit autrefois les accents de sa voix enfantine. C'est ici qu'il prenait ses ébats avec les enfants de son âge et qu'il se livrait à ses jeux innocents.

Nazareth, quelle école d'obéissance ! L'homme, cet atôme presque imperceptible dans l'immensité des mondes, regimbe sous le joug et se révolte contre son créateur. *Non serviam.* Je suis libre, dit-il, je n'obéirai pas. Et Jésus, le Verbe éternel, Jésus, à qui tout obéit au ciel, sur la terre et dans les enfers, se soumet humblement et obéit avec empressement à Marie, sa mère, et à saint Joseph. L'obéissance est sa vertu principale. Confondez notre orgueil, ô Jésus, et apprenez-nous le prix de l'obéissance.

Au premier plan de la ville, au midi, se trouve l'église de l'Annonciation, qui, du reste, n'a rien de remarquable dans son architecture. L'empereur Constantin, au IVe siècle, avait élevé une magnifique basilique sur le lieu où le Fils de Dieu s'était fait homme, mais avec le temps et le fanatisme des musulmans, elle disparut complètement. Sous le maître-autel de l'église actuelle, se trouve la grotte où se tenaient, ici, l'Ange Gabriel, là, Marie en prière. Cette grotte était recouverte par la *Santa casa* qu'on vénère aujourd'hui à Lorette, en Italie.

Qu'il fait bon méditer ici dans le silence et le recueillement. Il semble qu'on assiste à la scène qui s'y est passée, il y a bientôt 2.000 ans. Toute la ville est dans le repos, quelques-uns peut-être dans les fêtes et les divertissements du monde. Seule, dans un humble oratoire, Marie est agenouillée et épanche son âme devant Dieu. Elle lui demande de se rappeler ses promesses et d'avoir pitié d'Israël, et prolonge sa prière bien avant dans la nuit. Il va être minuit. Alors l'ange, messager du ciel, se tenant à quelque distance d'elle et dans l'attitude la plus respectueuse, lui dit : « Je vous salue, pleine de grâce ; le Seigneur est avec vous ; vous êtes bénie entre toutes les femmes. » Surprise par le son de cette voix, troublée par ces paroles si opposées au sentiment qu'elle a d'elle-même : Que signifient ces paroles ? dit-elle, qui êtes-vous et d'où venez-vous ? Cessez ce langage hypocrite et perfide et retirez-vous. — Ne craignez point, Marie, reprit l'ange. Il la rassure en l'appelant familièrement par son nom, comme on fait avec une personne qu'on a l'habitude de fréquenter. Ne craignez point : comme Noé, le juste, a trouvé grâce et a préservé du déluge la race humaine ; comme Abraham, le croyant, a trouvé grâce et est devenu le père de la nation sainte, ainsi, vous avez trouvé grâce devant Dieu et vous donnerez au monde le Rédempteur promis à vos pères. — Comment pourra s'accomplir ce que vous dites, répondit Marie ? Vous ne connaissez point mon secret : j'ai voué à Dieu ma virginité. Vos paroles ne sont donc qu'imposture et mensonge. — Rien n'est impossible à Dieu, répondit l'Ange. Vous conserverez votre virginité et vous deviendrez mère. « La vertu du Très-Haut vous couvrira de son ombre et ce qui naîtra de vous sera saint et appelé le Fils de Dieu. » — Comprenant alors la grandeur du mystère qui se préparait et ne voulant point résister aux desseins de Dieu, Marie dit : « Voici la servante du Seigneur, je me soumets à sa volonté ; que la parole que vous m'annoncez de sa part s'accomplisse en moi » . Et aussitôt le Verbe divin s'est incarné dans ses chastes entrailles. Ainsi se trouva réalisée cette parole prononcée 7 à 800 ans plus tôt par le prophète Isaïe : Voici qu'une vierge concevra et enfantera un fils qui sera appelé Emmanuel, c'est-à-dire : Dieu avec nous, Dieu fait homme. A la place où se trouvait Marie, il y a un autel avec cette inscription : « *Hic Verbum caro factum est.* C'est ici que le Verbe s'est fait chair. » J'ai eu le bonheur inappréciable de célébrer la sainte messe à cet autel, avant mon départ de Nazareth.

Le Verbe s'est fait chair. Voilà le nœud du mystère, voilà ce qui éclaire toute la vie du Sauveur, ce qui donne la clef des contrastes extraordinaires qu'on y rencontre. Le Fils éternel de Dieu, consubstantiel, égal en tout à son Père, prend un corps et une âme semblables aux nôtres. Il réunit dans une même personne la nature divine avec tous ses attributs et ses perfections et la nature humaine avec toutes ses infirmités. Sans cesser d'être Dieu, il devient homme et il se soumet à toutes les misères de l'humanité. L'Eternel, le Créateur devient créature, enfant d'un jour ; le Tout-Puissant se fait faiblesse. Celui qui possède tout et à qui rien ne manque, se fait indigent, sujet à toutes les incommodités de la nature humaine ; l'Impassible devient susceptible de la fatigue et des souffrances. Heureux, comme Dieu, adoré par les anges dans le ciel, il endurera sur la terre, comme homme, les supplices les plus atroces et les insultes et tous les outrages imaginables de la part des hommes. Toujours dans sa vie et ses actes se manifestera cette dualité de nature : d'un côté, maître des éléments, de la vie et de la mort, il marchera sur les flots et d'un mot apaisera les vents et les tempêtes, et d'un autre, il tombera accablé de fatigue et de sommeil ; d'un côté il nourrira des multitudes avec quelques pains, et de l'autre, il endurera les tourments de la faim ; d'un côté il guérira les malades et ressuscitera les morts, et de l'autre il essuiera les douleurs de la flagellation et mourra ignominieusement. *Et le Verbe s'est fait chair.*

Dans l'après-midi, on organise une procession et on parcourt en chantant les rues de la ville. On visite d'abord l'atelier de saint Joseph, où Jésus, sous la direction de ce saint patriarche, s'exerçait au travail. Cet atelier est converti aujourd'hui en église. Pauvres ouvriers des villes et des campagnes, vous qui peinez dans l'atelier et qui supportez tout le poids du jour et de la chaleur, qui gémissez dans la fatigue et la pauvreté, venez ici retremper votre courage. Là, Jésus a travaillé comme vous, il a façonné le bois de ses mains divines et gagné son pain à la sueur de son front. Le travail n'est plus l'occupation des esclaves seuls, mais aussi celle des hommes libres ; il n'est plus avilissant, dégradant. Jésus l'a ennobli, il l'a sanctifié, et maintenant il honore l'homme, il le moralise et peut le conduire au ciel.

On visite ensuite l'église des Grecs catholiques, bâtie sur l'emplacement de la Synagogue de Nazareth, où Jésus s'appliqua une des prophéties d'Isaïe : « Jésus étant venu à Nazareth, où il avait été élevé, entra, selon sa coutume, le jour du sabbat, dans la Synagogue, et il se leva pour lire. On lui présenta le livre du prophète Isaïe et en l'ouvrant, il tomba sur ce passage : « L'Esprit du Seigneur s'est reposé sur moi, c'est pourquoi il m'a consacré par son onction et il m'a envoyé pour prêcher l'Evangile aux pauvres, pour guérir ceux qui ont le cœur brisé, pour annoncer aux captifs leur délivrance, rendre la vue aux aveugles et la liberté à ceux qui gémissent dans les fers. » Puis fermant le livre, il s'assit et il leur dit : c'est aujourd'hui, en ma personne, que cette Ecriture que vous venez d'entendre est accomplie. Tous rendaient témoignage de la sagesse de ses paroles et ils se disaient : n'est-ce pas là le fils de Joseph ? Mais la suite de son discours irrita les chefs de la Synagogue. Ils se levèrent donc, le chassèrent hors de la ville et le conduisirent jusque sur la pointe de la montagne, d'où ils voulaient le jeter dans le précipice. Mais Jésus, se rendant invisible, passa au milieu d'eux et se retira. (Ev. St Luc, ch. IV.)

Le *Mensa Christi* est un grand bloc de rocher, sur lequel, d'après la tradition, Jésus, ressuscité, aurait fait plusieurs repas avec ses disciples. Ce rocher est renfermé dans une petite chapelle franciscaine.

La Fontaine de Marie, seule fontaine de la ville, est ainsi appelée parce que Marie, comme les autres femmes de Nazareth, venait y puiser l'eau nécessaire aux besoins du ménage. Cette fontaine n'est pas une source, l'eau vient d'ailleurs, et elle est recueillie dans un bassin construit en maçonnerie, où les femmes et les jeunes filles viennent la chercher dans des urnes en terre qu'elles portent sur leurs têtes ou sur leurs épaules, comme on le voit dans des gravures antiques.

Dès les premiers siècles du Christianisme, la demeure de la Sainte Famille fut en grande vénération et attira de pieux pèlerins de toutes les parties du monde. A leur arrivée, les Croisés trouvèrent Nazareth complètement ravagée par les Sarrasins. Tancrède, à qui était échue la principauté de la Galilée, la rétablit et l'entoura de murailles ; mais elle tomba de nouveau au pouvoir des Musulmans, et, ravagée et brûlée en 1263, elle ne se releva jamais de ses ruines. Aujourd'hui, ses rues sont tortueuses, étroites, ravinées par les pluies qui descendent des montagnes et surtout malpropres. On voit à Nazareth de grandes propriétés incultes, des murs de clôture à moitié écroulés dont les brèches sont fermées par des cactus épineux.

En 1799, Bonaparte trouva, parmi les Pères franciscains de Nazareth, un de ses anciens compagnons d'armes. Il l'embrassa et lui offrit pour ses besoins une bourse remplie d'or. Merci ! dit le religieux, je n'ai besoin de rien : la Terre-Sainte me suffit.

Le Thabor. — J'ai toujours beaucoup aimé les montagnes, non-seulement à cause du coup d'œil dont on y jouit, mais par instinct, par sentiment moral ; il me semble que sur les hauteurs on tient moins à la terre, que les sentiments s'épurent, que les pensées, plus dégagées des choses matérielles, s'élèvent plus facilement et plus haut. Combien alors ne dois-je pas aimer le Thabor ?

Sans doute, Jésus n'y est plus, Moïse et Elie se sont retirés, mais ce calme de la nature, ce silence de partout fait croire que la montagne est encore dans l'étonnement de la voix majestueuse qu'elle entendit un jour du ciel. « Jésus ayant pris avec lui Pierre, Jacques et Jean, son frère, les conduisit à l'écart sur une haute montagne, et pendant qu'il priait, il fut transfiguré en leur présence : son visage devint brillant comme le soleil, et ses vêtements blancs comme la neige. En même temps ils virent apparaître Moïse et Elie, qui s'entretenaient avec lui des supplices de la passion, et de la mort qu'il devait souffrir. Ravi de ce spectacle, Pierre dit à Jésus : Seigneur, nous sommes bien ici : voulez-vous que nous y dressions trois tentes, une pour vous, une pour Moïse, et une pour Elie ? Comme il parlait encore, une nuée lumineuse les couvrit, et il en sortit une voix qui dit : Celui-ci est mon Fls bien-aimé, en qui j'ai mis toutes mes complaisances, écoutez-le. A ces paroles, les disciples tombèrent le visage contre terre, et furent saisis d'une grande frayeur. Mais Jésus, s'approchant, les toucha et leur dit : Levez-vous, et ne craignez point. Levant alors les yeux, ils ne virent plus que Jésus seul. Comme ils descendaient de la montagne, il leur dit : Ne parlez à personne de ce que vous venez de voir, tant que le Fils de l'homme ne sera pas ressuscité d'entre les morts.

Deux ou trois autels viennent d'être dressés au milieu des ruines d'une ancienne église et le ciel, obéissant à la voix du prêtre, s'ouvre de nouveau et laisse descendre Jésus au milieu de nous.

Le Thabor a la forme d'un cône tronqué et ses flancs sont généralement couverts de broussailles ; il est moins aride et moins désolé que les montagnes environnantes. Nous y cueillons des branches de chèvrefeuille et de roses trémières dont les fleurs sont complètement épanouies. Quoique environné de montagnes, excepté au sud-ouest, le Thabor ne touche cependant à aucune, il est isolé, indépendant et il les domine toutes. C'est un grand mamelon qui s'élève d'un seul jet, sans soubassement ni contrefort, à 610 mètres au-dessus de la Méditerranée et à 400 mètres au-dessus de la plaine d'Esdrelon, qu'il ferme au nord. Je reconnais tout de suite le *montem excelsum seorsum*. Ces deux mots : *excelsum seorsum* sont caractéristiques et d'une exactitude géographique absolue. Ils ne permettent pas de confondre le théâtre de la Transfiguration avec aucune autre montagne voisine.

Et du Thabor, quel magnifique panorama ! Au nord, par delà les montagnes de la Galilée, la cime de l'Hermon, couverte ne neige ; à l'ouest, la chaîne du Carmel ; à l'est, les monts qui entourent Tibériade et les flots du lac de Génésareth et plus loin les bords du Jourdain ; au sud, la grande et fertile plaine d'Esdrelon, le Petit Hermon, Endor, Naïm, et plus loin les monts blanchâtres de Gelboé. Comme Jésus savait bien choisir le théâtre de ses manifestations !

La première fois que l'Ecriture parle du Thabor, c'est pour rappeler le meurtre des deux frères de Gédéon, par Zébée et Salmana, chefs des armées madianites. — Les premiers chrétiens, instruits par les apôtres du miracle de la Transfiguration, venaient souvent au Thabor vénérer le lieu où Jésus avait fait paraître sa gloire. L'impératrice Ste Hélène (1), au IVe siècle, fit, à l'âge de 80 ans, le pèlerinage du Thabor et y fonda un couvent et une belle église. En 1100, Tancrède y bâtit un couvent pour les bénédictins de Cluny, mais peu après, ces religieux furent massacrés par les musulmans. A la chute du royaume latin de Jérusalem, Saladin monta au Thabor et y planta son étendard. En 1300, les Franciscains de Nazareth élevèrent une petite chapelle sur la montagne sainte et entourèrent d'un mur les possessions latines. Les lieux n'ont guère changé depuis.

(1) Mère de Constantin, premier empereur romain converti à la foi.

Tibériade. — Du Thabor à Tibériade, il faut cinq heures de marche à travers des montagnes, des vallées étroites et des plaines incultes. On rencontre des fontaines dont les eaux croupissent dans la vase et des ruines de châteaux ou de forteresses.

Tibériade a été fondée l'an 17 de Jésus-Christ, par Hérode Antipas (1), Tétrarque de la Galilée, qui lui donna le nom de Tibère, son protecteur. Après la ruine de Jérusalem par Titus (2), Tibériade devint une ville de refuge pour les Juifs, qui, pendant trois siècles, la regardèrent comme une nouvelle Jérusalem. Au Ve siècle, elle était le siège d'un évêché, mais elle fut prise par Chosroës, roi de Perse, en 614, et tous les monuments consacrés au culte de Jésus-Christ furent détruits.

La Tibériade actuelle ne conserve rien de la Tibériade d'Hérode et de celle qu'a vue Jésus-Christ. C'est la Tibériade des Croisés. Godefroy de Bouillon (3), en construisit la citadelle et les murailles, et en 1099, Tancrède en fit sa capitale. Elle est bâtie dans la plaine un peu au nord de l'ancienne ville. Son site est délicieux : à l'ouest, de hautes montagnes qui l'abritent et la préservent des vents ; au sud, une plaine, qui, bien cultivée, serait fertile ; à l'est, le lac où elle se mire et dont les flots viennent clapoter contre ses maisons, et, par delà, les hautes montagnes du pays de Gérasa. Des palmiers à la tête couronnée de verdure se dressent çà et là au milieu des ruines et donnent au tableau du pittoresque et de la vie ; mais cette ville n'est pas hospitalière et c'est la plus malpropre qu'on puisse imaginer. On dit communément que c'est à Tibériade que la reine des puces tient sa cour. Nous n'en souffrons pas, car nous campons en dehors de la ville et nous n'avons aucun rapport avec les habitants.

Tout-à-fait sur la plage se trouve une église dédiée à saint Pierre et bâtie, dit-on, à l'endroit où se tenait Jésus lors de la pêche miraculeuse et où le prince des apôtres, en réparation de son triple reniement, protesta trois fois de son amour pour son maître ; c'est là que son futur martyre lui fut annoncé. « Après la résurrection de Jésus, Pierre et quelques autres disciples retournés en Galilée, allèrent pêcher, mais cette nuit-là ils ne prirent rien, et fatigués et tout découragés, ils arrivaient au rivage pour débarquer, quand le Sauveur, qu'ils ne reconnaissaient pas, du reste, leur commanda de jeter le filet du côté droit de la barque. Ils obéirent et ils prirent une si grande quantité de pois-

---

(1) Fils d'Hérode-le-Grand.

(2) Titus, fils de l'empereur romain Vespasien, brûla la ville et le temple de Jérusalem, l'an 79 de Jésus-Christ.

(3) Duc de Basse-Lorraine, naquit à Boulogne-sur-Mer en 1061. Il fut le chef militaire de la première Croisade. Il s'empara de Jérusalem en 1099, en devint le premier roi et mourut l'année suivante.

sons qu'ils ne pouvaient plus tirer le filet, sans risquer de le rompre. Jean, étonné de ce prodige, dit à Pierre : Cet homme qui nous a parlé, c'est le Maître. Pierre, oubliant tout le reste, se jeta aussitôt à la nage pour aller plus vite rendre ses hommages à Jésus. Or, après qu'ils eurent mangé de ces poissons miraculeusement pêchés, Jésus dit à Pierre : Simon, fils de Jean, m'aimes-tu plus que tous ceux-ci ? Pierre répondit : Oui, Seigneur, vous savez que je vous aime. Jésus lui dit : Pais mes agneaux. Une seconde fois, Jésus lui dit : Simon, fils de Jean, m'aimes-tu ? Pierre répondit : Oui, Seigneur, vous savez que je vous aime. Jésus lui dit : Pais mes agneaux. Une troisième fois, Jésus lui demanda : Simon, fils de Jean, m'aimes-tu ? Pierre, un peu confus de cette triple interrogation, et, craignant sa faiblesse au souvenir de son triple reniement, ose à peine répondre. Enfin, il dit : Seigneur vous connaissez tout et vous savez que je vous aime. Jésus lui dit : Pais mes brebis. Quand tu étais jeune, ajouta-t-il, tu mettais ta ceinture et tu allais où tu voulais ; mais, quand tu seras vieux, tu étendras les mains et un autre te ceindra et te mènera où tu ne voudrais pas aller. Par là Jésus lui faisait entendre par quel genre de mort il glorifierait Dieu. Il lui dit enfin : Suis-moi. » (Ev. St Jean, ch. XXI.)

Lac de Génésareth. — Tout le monde connaît le lac de Génésareth, appelé aussi mer de Galilée. C'est sur ses bords que Jésus-Christ choisit, pour en faire les vainqueurs du monde et les docteurs des peuples, ses premiers disciples, hommes sans nom, sans puissance et sans lettres. « En marchant sur les bords du lac, Jésus vit deux frères : Simon, qui fut surnommé Pierre, et André, qui jetaient leurs filets dans la mer, car ils étaient pêcheurs, et il leur dit : Venez avec moi, je vous ferai pêcheurs d'hommes. Aussitôt, abandonnant leurs filets, ils le suivirent. Un peu plus loin, il vit encore deux frères, Jacques et Jean, qui, assis dans leur barque avec Zébédée, leur père, raccommodaient leurs filets. Il les appela et, aussitôt, quittant tout, leur père et leurs filets, ils le suivirent. » (St Math., ch. IV.)

C'est dans ce lac aussi que saint Pierre, sur l'ordre de Jésus, jeta l'hameçon et retira un poisson qui avait dans la bouche une pièce d'argent de 4 dragmes, qui fut donnée pour payer l'impôt dû par Jésus-Christ et saint Pierre pour l'entretien du temple. (St Mathieu, ch. VII.)

Après la messe, nous descendons sur la plage et nous nous disposons à partir pour Capharnaüm. Les uns montent en barque, les autres partent à cheval, en côtoyant le lac. Je suis en barque à Tibériade, sur le lac de Génésareth, sur les flots qui tant de fois ont entendu parler l'Homme-Dieu, sur les flots où il a marché et fait marcher saint Pierre. Mais ces flots tumultueux et menaçants, qu'il apaisa, un jour, par une seule parole, sont calmes aujourd'hui. On dirait que le Maître vient de parler et que les vents, confus de ses reproches, se sont éloignés avec respect : pas une vague, pas la moindre brise. Notre voile tendue tombe nonchalante et paresseuse le long du mât ; elle ne se gonfle point et ne sert qu'à nous abriter contre les rayons du soleil. Les rames battent l'eau en cadence et nous prenons des notes, nous rappelons nos souvenirs, nous nous communiquons nos impressions. Qu'on aime à lire ici l'Evangile ! « Jésus, accompagné de ses disciples, monta dans une barque pour aller de Capharnaüm au pays des Géraséniens. Mais voici que pendant la traversée un vent violent s'éleva sur la mer et la barque couverte des flots courait risque de submerger. Cependant, accablé de fatigue, Jésus dormait profondément. Ses disciples effrayés s'approchèrent de lui et l'éveillèrent en disant : Seigneur, sauvez-nous, nous allons périr. — Pourquoi craignez-vous, hommes de peu de foi ? dit-il, et, se levant aussitôt, il commanda aux vents et à la mer, et il se fit un grand calme. Or ceux qui étaient présents furent dans l'admiration et disaient : Quel est donc cet homme à qui la mer et les vents obéissent ? (Ev. St Math., ch. VIII.)

Je comprends l'étonnement des passagers et le trouble où les jette ce miracle. Extérieurement, Jésus n'est qu'un homme ordinaire soumis à toutes les infirmités de la nature, puisque la fatigue et le sommeil l'ont dompté. Comment donc alors ose-t-il raisonnablement commander aux vents et à la mer et par quel inexplicable mystère ceux-ci lui obéissent-ils avec tant de docilité ? Quelle proportion entre les moyens employés et l'effet produit ? Plus on examine, plus on réfléchit, et plus le problème paraît insoluble et on ne peut dire que ce que disaient les témoins du miracle : quel est cet homme à qui les vents et la mer obéissent ?

Jésus-Christ, en se montrant ici maître des éléments, prouve qu'il est Dieu, et le fait suivant confirme cette démonstration.

Une autre fois, Jésus commanda à ses disciples de monter en barque et de passer avant lui de l'autre côté du lac, et il se retira sur la montagne pour prier. Mais la barque était fort battue des flots au milieu de la mer, car le vent était contraire. Or, à la quatrième veille de la nuit, Jésus vint à eux, en marchant sur les vagues. En le voyant ainsi, les apôtres furent troublés et disaient : c'est un fantôme, et ils jetaient des cris d'effroi. Jésus leur dit : Rassurez-vous, ne craignez point, c'est moi. Pierre lui dit : Seigneur, si c'est vous, faites que j'aille à vous en marchant sur les flots. Venez, dit Jésus, et Pierre, descendant de la barque, marchait sur l'eau à la rencontre de Jésus. Mais, en voyant le grand vent, il eut peur et il commençait à enfoncer : Seigneur, s'écria-t-il, sauvez-moi. Jésus le prit par la main et lui dit : Homme de peu de foi, pourquoi avez-vous douté ? Tous deux alors montèrent dans la barque et le vent cessa. (Evang. St Math., ch. XIV.)

Parmi nos bateliers, il y a deux frères qui nous rappellent Jacques et Jean ; leur figure est douce et leurs grands yeux bien expressifs n'ont point l'éclat vif et un peu sauvage de leur compagnon. Je les nommerais volontiers les fils de la colombe. Nous apercevons à gauche Magdala, adossée à la montagne, plus loin Bethsaïde. Capharnaüm est devant nous à la pointe nord-ouest du lac, derrière un rideau de lauriers-roses en fleurs. Comme cette ceinture verte, frangée de rose, est belle ! Enfin, après 2 heures environ de traversée, nous débarquons. Le lac a cinq lieues du nord au sud et deux et demie de largeur.

De Capharnaüm nous n'apercevons que deux vieilles murailles, débris de tours romaines, et, au-dessus de ces murailles, quelques têtes de bédouins noircies par le soleil. En attendant la caravane qui vient par terre, nous allons prendre un bain. Un bain, à Capharnaüm, dans le lac de Tibériade, à l'ombre des palmiers et des lauriers-roses, c'est au moins très poétique.

Mais tous les pèlerins sont réunis, un autel est dressé au milieu des ruines d'une église bâtie autrefois sur l'emplacement de la maison de la belle-mère de saint Pierre. Des faisceaux de lauriers décorent l'autel ; la messe commence et des chants enthousiastes s'élèvent dans ce désert, et Jésus, descendant du ciel, vient encore habiter Capharnaüm.

Capharnaüm est la ville que Jésus habita pendant sa vie publique. Il s'y retira après avoir été chassé de la synagogue de Nazareth, quand il apprit l'incarcération de saint Jean-Baptiste par Hérode. Jésus fit de nombreux miracles à Capharnaüm. Il guérit de la fièvre la belle-mère de saint Pierre, laquelle, se levant aussitôt, les servit à table ; le paralytique, couché sur son lit et qu'on descendit du haut du toit devant Jésus, parce que la foule, pressée devant la maison, ne permettait pas à ceux qui portaient le malade de s'approcher de Jésus. Or Jésus, voyant leur foi, dit au paralytique : Mon fils, vos péchés vous sont remis. Or les scribes, témoins de ces choses, disaient en eux-mêmes : que prétend cet homme ? veut-il nous en imposer ? il blasphème : Dieu seul peut remettre les péchés. Jésus, découvrant leurs pensées, leur dit : Pourquoi pensez-vous mal en vous-mêmes et blâmez-vous mes paroles ? Qu'y a-t-il de plus difficile de dire au paralytique : vos péchés vous sont remis, que de lui dire : Levez-vous, emportez votre lit et marchez ? Or, pour que vous sachiez bien que le Fils de l'homme a le pouvoir de remettre les péchés et que mes paroles ne sont pas des paroles de jactance, il dit au paralytique : Levez-vous, je vous le commande, emportez votre lit et allez en votre maison. Ce que le malade fit aussitôt. (Ev., St Marc, ch. II.)

Dieu seul peut remettre les péchés.

Vous avez raison, ô scribes et vous, pharisiens, car ceux qui les remettent sur la terre, ne les remettent qu'en vertu du pouvoir divin dont ils ont été investis. Mais Dieu seul aussi peut lire dans les cœurs et, d'une seule parole, sans aucun remède, guérir instantanément un paralytique. Que pensez-vous donc alors de celui qui vient de découvrir les pensées que vous teniez soigneusement cachées dans vos cœurs et qui a fait lever et marcher le paralytique ? La guérison qu'il vient d'opérer sous vos yeux ne vous dit-elle pas ce qu'il est ? et que par conséquent il ne blasphémait pas quand il disait : vos péchés vous sont remis?

Il guérit le serviteur du centenier. Cet homme vint trouver Jésus à son entrée à Capharnaüm et lui adressa sa requête en disant : Seigneur, mon serviteur est couché et paralysé dans ma maison et il souffre beaucoup. — J'irai, lui dit Jésus et je le guérirai. Le centurion répondit : Seigneur, je ne suis pas digne que vous entriez dans ma maison. Dites seulement une parole et mon serviteur sera guéri. Car quoique je ne sois moi-même qu'un homme soumis à la puissance d'un autre, j'ai néanmoins des soldats sous mon autorité et si je dis à l'un : allez là, il y va, et à un autre : venez ici, il vient ; et à mon serviteur : faites cela, il le fait. Et vous, vous êtes le maître absolu de tout. En entendant ces choses, Jésus fut dans l'admiration, et il dit à ceux qui l'entouraient : Je vous déclare que je n'ai trouvé nulle part autant de foi dans tout Israël. Puis, s'adressant au centenier, il lui dit : Allez, qu'il vous soit fait selon que vous avez cru. Et à la même heure, son serviteur fut guéri. (St Math., ch. VIII.)

A Capharnaüm aussi, Jésus ressuscita la fille de Jaïre : « Un chef de synagogue s'approcha de Jésus et, se prosternant devant lui, lui dit : Seigneur, ma fille vient de mourir, mais venez lui imposer les mains et elle ressuscitera. Jésus le suivit avec ses disciples et lorsqu'il fut arrivé à la maison, il y trouva des joueurs de flûte et une troupe de personnes qui faisaient grand bruit : Retirez-vous, leur dit-il, cette enfant n'est pas morte, elle dort seulement. Et ils se moquaient de lui, étant bien certains qu'elle était réellement morte. Quand tout le monde fut sorti, Jésus entra, prit la main de l'enfant et lui dit : levez-vous, je vous le commande. Elle se leva aussitôt et se mit à marcher. (St Math., ch. IX, St Marc, ch. V.)

On s'étonne peut-être, de trouver dans une maison en deuil, dans la chambre mortuaire, près du cadavre, presque encore tout chaud, d'une enfant de 12 ans, tant de bruit et de la musique. Néanmoins, on trouve encore aujourd'hui ces habitudes en Orient. Un jour, en remontant la voie douloureuse, j'entendis, près de la troisième station du Chemin de la Croix à Jérusalem, des sons de flûte et de hautbois venant du haut de la rue et paraissant se rapprocher. On me dit que c'était le convoi d'une jeune fille juive qu'on portait en terre. Le cortège arriva bientôt. Le cercueil enguirlandé reposait sur un brancard porté sur les épaules, et, de chaque côté, des joueurs de flûte entouraient le convoi. Je revis la scène que l'Evangile vient de nous décrire.

C'est à Capharnaüm que Jésus-Christ prêcha la doctrine de l'Eucharistie : « Je suis le pain de vie, le pain vivant descendu du ciel. Si quelqu'un mange de ce pain, il vivra éternellement et le pain que je donnerai pour la vie du monde, c'est ma chair. En entendant ces choses, plusieurs dirent : Ces paroles sont trop dures, qui peut les accepter ? N'est-il pas répugnant de manger de la chair et de boire du sang humain ? Les sauvages eux-mêmes pourraient à peine s'y résigner. Et ils se séparèrent de lui. Et vous, dit Jésus à ses apôtres, allez-vous aussi me quitter ? Saint Pierre, témoin déjà de tant de miracles et qui reconnaissait la divinité de Jésus-Christ, comprit que Jésus saurait trouver dans sa sagesse et sa puissance un moyen d'accomplir sa parole et de donner sa chair en nourriture et son sang en breuvage sans qu'il en répugnât à la nature ; il lui dit : A qui irions-nous, Seigneur ? vous seul avez les paroles de la vie éternelle. » (Ev., St Jean, ch. VI.)

Capharnaüm est la patrie de saint Mathieu, le publicain, ou percepteur d'impôts. « En passant, Jésus vit, assis au bureau des impôts, un homme, appelé Mathieu, et lui dit : Suivez-moi ; aussitôt il se leva et le suivit. Il lui fit aussi un grand festin dans sa maison. Beaucoup de publicains et d'hommes de mauvaise vie, amis de Mathieu, furent reçus à table avec Jésus et ses disciples. Ce que voyant, les pharisiens se scandalisèrent et dirent aux disciples : Comment se fait-il que votre maître, qui prétend enseigner la vérité et réformer le monde, se mette à table avec ces sortes de gens ? Jésus répondit : Ce ne sont pas ceux qui sont en bonne santé qui ont besoin de médecins ; mais ceux qui sont malades. Allez donc et sachez que je préfère la bonté, l'indulgence, la miséricorde à toutes sortes de sacrifices. Je ne suis pas venu appeler les justes, mais les pécheurs. » (St Math., ch. IX.)

Capharnaüm ne possède plus aujourd'hui que quelques pauvres cabanes habitées par des Bédouins. La prophétie de Jésus à son sujet s'est réalisée à la lettre : « Et toi, Capharnaüm, est-ce que tu t'élèveras toujours jusqu'au ciel ? Tu descendras au contraire jusqu'aux enfers, parce que, si les miracles qui ont été faits dans tes murs avaient été faits à Sodome, peut-être aurait-elle duré jusqu'à ce jour. Aussi, au jour du jugement, il y aura plus d'indulgence pour Sodome que pour toi ; on lui pardonnera plus qu'à toi. » (St Math., ch. XI.)

Notre visite à Capharnaüm n'a pas duré longtemps. Que faire d'ailleurs au milieu des ruines, ensevelies sous les herbes et les chardons ? Adieu, Capharnaüm ! et vous, lauriers-roses, adieu ! Nous allons à Bethsaïde.

Bethsaïde. — Pour retourner à Tibériade, je cède ma barque à un pèlerin, qui me donne son cheval, selon nos conventions du matin.

Il était midi quand nous arrivâmes à Bethsaïde, et nous fûmes heureux de trouver, sous la tente, notre déjeûner tout prêt. Bethsaïde, patrie de saint Pierre, de saint André et de saint Philippe, est située dans une position ravissante. Elle est baignée par la mer de Galilée et entourée d'une plaine fertile, arrosée par plusieurs cours d'eau : *Domus frugum et venatorum*, riche en blé et en gibier. Malgré tout, la ville est ruinée et la vallée inculte. « Malheur à toi, Bethsaïde, a dit le Sauveur, car si les miracles qui ont été faits au milieu de toi avaient été faits dans Tyr et Sidon, elles auraient fait pénitence dans la cendre et le cilice. Aussi, je le déclare, Tyr et Sidon seront plus épargnées que toi au jour du jugement. » (St Math., ch. XI.)

Tout l'espace compris entre Bethsaïde et Magdala s'appelle la vallée des colombes. C'est pour cela sans doute que saint Pierre et saint André sont appelés quelque part : fils de la colombe. Saint Jérôme, dans l'homélie pour la fête des apôtres saint Pierre et saint Paul, 29 juin, tire cette dénomination du nom du père de saint Pierre et de saint André : Jona, Jean, qui en latin signifie colombe.

De Bethsaïde nous revînmes à Tibériade par Magdala, patrie de sainte Marie-Madeleine. Là au moins, elle avait une terre qui lui donnait son nom. On n'y voit plus aujourd'hui que des ruines sans importance et sans intérêt. Magdala est adossée aux montagnes d'Arbelle où, dit-on, fut enterrée Dina, fille de Jacob, dont nous dirons un mot plus tard.

Le soir à Tibériade, au Salut du Saint Sacrement, on bénit la statue de saint Pierre qu'on venait d'y ériger. Cette statue, don des précédents pèlerinages, est la reproduction exacte de celle de saint Pierre dans la basilique du Vatican. Pendant la cérémonie, les chrétiens de la ville, les drogmans, les serviteurs des Pères franciscains, faisaient partir des fusées, allumaient des feux de bengale, tiraient des coups de mousqueterie, c'était solennel. M. l'abbé Bretonneau (1) nous fit un charmant discours sur les scènes évangéliques de Tibériade et la Primauté de saint Pierre.

Au souper, on nous servit du poisson pêché dans le lac.

---

(1) Prêtre du diocèse de Tours. Il dirige aujourd'hui le journal *la Croix de la Touraine* et signe : *Le Solitaire.*

Montagnes de la multiplication des pains et des Béatitudes. — Le lendemain, vers 8 heures du matin, nous disions adieu à Tibériade et nous prenions le chemin de Nazareth par Cana. La chaleur était accablante et, grâce à la lenteur inévitable dans une nombreuse caravane, nous partons presque deux heures trop tard. Mais nous voici à la montagne de la multiplication des pains. Une multitude de peuple, avide d'entendre les paroles de Jésus et d'être témoin des miracles qu'il opérait, le suivait depuis trois jours, sans aucun souci de ses besoins matériels. Enfin Jésus dit à ses disciples : J'ai pitié de cette foule, je ne veux pas les renvoyer à jeun, car ils tomberaient en défaillance le long du chemin. On lui amena un jeune enfant qui avait 7 pains d'orge et quelques petits poissons. Mais qu'est-ce que cela pour tant de monde, remarque saint André ? Jésus prit les pains et les poissons, rendit grâces, les rompit et les donna à ses disciples pour les distribuer au peuple, assis sur l'herbe. Quand tous eurent mangé à satiété, Jésus fit ramasser les morceaux qui restaient et on en remplit 7 corbeilles. Or ceux qui venaient de manger étaient au nombre de 4.000 sans compter les femmes et les enfants. (St Math., ch. XV ; St Jean, ch. VI.)

Tout près de là se trouve le mont des Béatitudes, où Jésus fit cet admirable discours de la montagne, résumé de la doctrine et de la morale chrétiennes : enseignements célestes, supérieurs à tout ce que le monde avait entendu jusqu'ici de plus beau et de plus parfait. Les Béatitudes sont au nombre de huit : Bienheureux les pauvres d'esprit, parce que le royaume du ciel leur appartient ; Bienheureux ceux qui sont doux, parce qu'ils posséderont la terre ; Bienheureux ceux qui pleurent, parce qu'ils seront consolés ; Bienheureux ceux qui ont faim et soif de la justice, parce qu'ils seront rassasiés ; Bienheureux les miséricordieux, parce qu'ils obtiendront miséricorde ; Bienheureux ceux qui ont le cœur pur, parce qu'ils verront Dieu ; Bienheureux les pacifiques, parce qu'ils seront appelés enfants de Dieu ; Bienheureux ceux qui souffrent persécution pour la justice, parce qu'à eux appartient le royaume des cieux. Quel contraste avec les doctrines de nos philosophes et de nos savants ! Quelle opposition avec tout ce que le monde estime, convoite et recherche ! Là cependant se trouve la source du vrai bonheur, ainsi qu'en témoigne la vie de ceux qui ont suivi ces doctrines, tandis qu'on ne trouve que déception dans tout ce que le monde offre de plus merveilleux. Partout en effet dans le monde on n'entend que plaintes et gémissements.

C'est sur cette montagne aussi que Jésus choisit douze de ses disciples, qu'il nomma apôtres : Simon, qui est appelé Pierre, et André, son frère ; Jacques et Jean, son frère, fils de Zébédée ; Philippe et Barthélemy ; Thomas et Mathieu, le publicain de Capharnaüm ; Jacques, fils d'Alphée, et Thadée ; Simon de Cana et Judas Iscariote, le traître.

Cette montagne des Béatitudes est appelée Corne d'Hattine, parce qu'elle a un double sommet dont les extrémités forment deux pointes ou cornes. Elle a été le témoin de la fameuse bataille d'Hattine ou de Tibériade, où prit fin le royaume latin de Jérusalem. Saladin (1), était à la tête de 80.000 hommes, et Guy de Lusignan, roi de Jérusalem, en avait 50.000. La chaleur était étouffante, et la disette d'eau faisait cruellement souffrir les Francs. Saladin fit mettre le feu aux broussailles et aux herbes sèches et les chrétiens, enfermés dans un cercle de flammes, furent vaincus, malgré des prodiges de valeur, 5 juillet 1187. Le roi de Jérusalem, fait prisonnier, fut emmené à Damas. Trois mois après cette bataille, Saladin, maître de toutes les places fortes de la Palestine, entra victorieux à Jérusalem.

Le champ des Epis. — Bientôt on arrive au champ des Epis. « Un jour de sabbat, Jésus passait le long des blés et ses apôtres, pressés par la faim, cueillirent quelques épis qu'ils froissaient dans leurs mains pour en manger le grain. Or les pharisiens témoins de cette action en furent scandalisés et, s'adressant à Jésus, ils lui dirent : Voyez donc, vos disciples font ce qu'il n'est pas permis de faire le jour du sabbat. — N'avez-vous jamais lu, leur répondit Jésus, ce que fit David, quand, pressé par la faim, il mangea les pains de proposition réservés aux prêtres ? Ne savez-vous pas aussi que les prêtres, en accomplissant leur ministère dans le temple, violent le sabbat et cependant personne ne les dit coupables ? Sachez donc qu'il y a ici quelqu'un qui est plus grand que le temple et que le Fils de l'homme est maître même du sabbat. (St Math., ch. XII.) Ce champ, situé dans une vallée fertile, est encore, cette année, semé de blé, et le grain, au 4 ou 5 mai, déjà formé.

Cana. — Mais des cactus et des figuiers nous annoncent la proximité d'un village. C'est Cana. Cana, agréablement assis sur le versant d'une colline et tout près d'une fontaine abondante, possède environ 600 habitants. En arrivant à Cana, on aperçoit à droite, l'emplacement de la maison de Nathanaël, amené à Jésus par saint Philippe. Nathanaël, selon toute probabilité, n'est autre que saint Barthélemy. « Philippe, ayant rencontré Nathanaël, lui dit : Nous avons trouvé celui dont parle Moïse dans la loi, et que les prophètes ont annoncé, c'est Jésus de Nazareth, fils de Joseph. — Que peut-il sortir de bon de Nazareth? répondit

(1) Sultan d'Egypte et de Syrie, chef des armées musulmanes et l'ennemi le plus acharné des chrétiens.

Nathanaël. — Venez et voyez, répartit Philippe. Jésus, en voyant arriver Nathanaël, dit : Voici un vrai Israélite, sans déguisement et sans artifice. D'où me connaissez-vous, dit Nathanaël ? Jésus répondit : Avant que Philippe vous eût appelé, je vous ai vu lorsque vous étiez sous le figuier. Cette parole qui rappelait une circonstance que personne ne pouvait connaître ouvrit les yeux à Nathanaël, qui répondit : Maître, vous êtes le Fils de Dieu, vous êtes le roi d'Israël. » (Ev. St Jean, chap. II.)

Au centre du village, une chapelle fut récemment bâtie sur l'emplacement de la maison de Simon le Cananéen, où fut accompli le miracle de l'eau changée en vin. « Il y avait des noces à Cana, auxquelles Jésus fut invité avec ses disciples. Or, pendant le repas, le vin fit défaut. Marie en avertit charitablement Jésus, qui fit remplir d'eau six grandes urnes, préparées pour la purification des Juifs. Portez maintenant au maître d'hôtel, dit Jésus aux serviteurs : Or, le maître d'hôtel, qui ne savait rien, ayant goûté cette eau changée en vin, dit à l'époux : Ordinairement on sert le bon vin au commencement du repas, et quand les convives, déjà rassasiés, ne savent plus apprécier la qualité, on sert le vin inférieur ; vous, au contraire, vous avez réservé le meilleur pour la fin. Ce fut le premier miracle par lequel Jésus manifesta sa puissance, et ses disciples, qui, jusque-là, avaient été indécis, crurent en lui. (Ev. St Jean, ch. II.) On prétend que l'époux était saint Jude, l'apôtre.

Près de cette église, on voit, dans la chapelle des Grecs schismatiques, deux des urnes où l'eau fut changée en vin. Elles sont de forme conique, assez grossièrement travaillées et fixées au sol au lieu même où elles étaient le jour du miracle. En souvenir du vin de Cana, les P. Franciscains nous offrirent, en arrivant, un verre de vin blanc délicieux qui, mélangé à l'eau fraîche, nous fit grand bien. Au bas du village, nous visitâmes la fontaine qui fournit l'eau pour le miracle. L'eau de cette fontaine est recueillie dans un bassin en maçonnerie où chacun vient puiser à volonté.

C'est à Cana que le centenier de Capharnaüm vint prier Jésus de venir guérir son fils malade. Allez, lui dit Jésus, votre fils est guéri, et en s'en retournant, il rencontra ses serviteurs qui venaient le chercher et qui lui assurèrent que son fils était réellement guéri. A quelle heure, demanda-t-il, la fièvre l'a-t-elle quitté ? Hier vers la septième heure, répondirent-ils, et il constata que c'était au moment précis où Jésus lui avait dit : votre fils est guéri. Il crut alors à la divinité de Jésus-Christ et toute sa maison embrassa la foi avec lui. (Ev. St Jean, ch. IV.)

A quelque distance de Cana on rencontre la fontaine du Cresson, connue par la défaite des Croisés, en 1187. Renaud, prince de Karak, s'était emparé d'une caravane musulmane où se trouvait la sœur de Salak-ed-Dîne (Saladin), lequel ordonna à son fils, l'Emir Nour-ed-Dîne, d'envahir immédiatement la Galilée. Les deux armées se rencontrèrent près de cette fontaine. Le combat fut acharné, mais les chrétiens durent céder au nombre. Leurs morts furent transportés et ensevelis à Nazareth.

Une heure plus tard, nous rentrions à Nazareth, pays déjà connu et où nous devions passer la nuit.

III

Naïm — Samarie — Sichem — Jérusalem

Après la sainte messe, nous quittons avec regret Nazareth pour toujours. Nazareth, c'est le pays de Jésus et tout y est précieux, tout y attache. Après avoir franchi les montagnes qui l'entourent, nous débouchons dans la plaine d'Esdrelon et nous nous acheminons vers Naïm. Nous revoyons le Thabor et à ses pieds Dabourieh où Jésus, après la Transfiguration, délivra le possédé que ses apôtres n'avaient pu guérir. « On ne se rend maître de ces sortes de démons, dit Jésus, que par le jeûne et la prière. « (St Marc, ch. IX.) — Un peu plus bas et à une certaine distance, Endor, où le roi Saül alla consulter la Pythonisse (1). Saül, Ier roi d'Israël, avait été rejeté de Dieu, d'abord parce qu'il avait usurpé les fonctions de sacrificateur et offert un sacrifice à Dieu en l'absence de Samuel qui tardait à venir ; ensuite, pour avoir, contre l'ordre de Dieu, épargné dans le combat Agag, roi des Amalécites et ce qu'il y avait de meilleur dans le butin. Or, après la mort de Samuel, Saül, pressé par l'armée des Philistins et tremblant sur l'issue de la bataille, consulta le Seigneur pour savoir s'il devait marcher contre l'ennemi, mais le Seigneur ne lui donna aucune réponse, ni par songes, ni par les prêtres, ni par les prophètes. Découragé, Saül demanda s'il n'y avait pas dans les environs une Pythonisse pour prendre son avis. On lui indiqua Endor, où il se rendit, et, à sa demande, la Pythonisse fit paraître devant lui l'ombre de Samuel. Pourquoi, dit Samuel à Saül, troublez-vous mon repos ? Dieu vous traitera comme vous le méritez: demain, vous et vos fils, vous serez avec moi dans la tombe. (1 L. des Rois, ch. XXVIII.)

Nous traversons alors, presque à sa source, le Cison que nous avions déjà franchi en allant du Carmel à Nazareth. Nous sommes sur le théâtre de la bataille du Thabor, gagnée par les armées françaises en 1799.

---

(1) Prêtresse d'un faux dieu, sorte de devineresse, de spirite qui, par l'entremise du démon, rend des oracles et prédit l'avenir.

La grande armée turque, commandée par Abdallah, qui venait au secours de Saint-Jean-d'Acre, avait été arrêtée sur la route de Nazareth par l'héroïsme de Junot (1) et de Kléber (2), et s'était repliée dans la plaine d'Esdreion, où elle pourrait faire un meilleur usage de sa nombreuse cavalerie. Kléber ne put surprendre les Ottomans pendant la nuit, et le 16 avril 1799, au matin, il trouva toute l'armée turque en bataille. Pendant 6 heures, les 3.000 fantassins de Kléber résistèrent aux 15.000 fantassins et aux 12.000 cavaliers d'Abdallah. Bonaparte déboucha alors des hauteurs de Nazareth et mit l'ennemi entre lui et Kléber. Un coup de canon fut le signal de l'attaque. L'armée turque, surprise par un feu terrible, se mit à fuir en désordre dans toutes les directions. La plaine ne fut plus couverte que de morts. Six mille Français avaient détruit cette armée qu'on disait innombrable comme les étoiles du ciel et les sables de la mer. (Thiers, Hist. de la Rév. fr., t. X, p. 405.)

Il était 10 heures quand nous arrivâmes à Naïm. Le soleil était brûlant ; c'était le 7 mai et la chaleur montait à 55 degrés. Naïm, qui veut dire belle, était bâtie sur le versant occidental du Petit-Hermon ; elle voyait s'étendre à ses pieds la vaste et fertile plaine d'Esdrelon, appelée le Grenier de la Syrie. Une belle fontaine, entourée d'arbres, coulait à ses portes et arrosait la plaine dont nous venons de parler. Au nord, l'horizon était fermé par les collines de Nazareth et par le Thabor ; à l'ouest, se trouvaient la chaîne du Carmel et, plus bas, les hauteurs de Dothaïm, où Joseph fut vendu par ses frères.

Naïm, si gracieuse autrefois, n'offre plus aujourd'hui qu'un triste spectacle. On n'y voit que quelques misérables cabanes, élevees sur des monceaux de ruines ; il n'y a ni arbres, ni verdure, et ses habitants à la physionomie sauvage sont paresseux ; ils laissent la plaine inculte et croupir dans la vase l'eau de la fontaine. Ils préfèrent leur misère aux fatigues d'un travail qui leur procurerait l'aisance et le bien-être.

Nous connaissons Naïm par la résurrection du fils d'une veuve de cette ville. « Jésus allait à une ville appelée Naïm, et ses disciples, suivis d'une grande foule de peuple, l'accompagnaient. Comme il approchait de la porte de la ville, il vit qu'on portait un mort en terre ; c'était le fils unique d'une veuve, et il y avait

(1) Général français, aide de camp de Bonaparte en Egypte. En 1808, Napoléon le nomma duc d'Abrantès pour avoir emporté d'assaut cette ville du Portugal.

(2) Kléber (Jean-Baptiste) naquit à Strasbourg en 1753. Il vainquit les Vendéens à Savenay et se signala en Egypte aux batailles d'Alexandrie et d'Aboukir. A son départ pour l'Europe, Bonaparte lui remit le commandement de l'armée d'Egypte, et il remporta plusieurs victoires. Il mourut assassiné au Caire en 1800.

avec elle un grand nombre de personnes de la ville. A la vue de cette mère affligée, le Seigneur, touché de compassion, lui dit : Ne pleurez point. Puis, s'étant approché, il toucha le cercueil. Ceux qui le portaient s'arrêtèrent, et il dit : Jeune homme, levez-vous, je vous l'ordonne. Aussitôt celui qui était mort se leva, et commença à parler, et Jésus le rendit à sa mère. Tous ceux qui étaient présents furent saisis de frayeur, et ils glorifiaient Dieu, en disant : Un grand Prophète a paru au milieu de nous, et Dieu a visité son peuple. »

Jeune homme levez-vous, je vous l'ordonne.

Quelle parole ! quelle audace ! et quelle témérité si Jésus n'est qu'un homme ! A qui la mort a-t-elle jamais obéi ? Quand l'a-t-on vu lâcher sa proie ? O Jésus, on vous regardait comme un thaumaturge, on vous appelait prophète, on inclinait à croire que vous étiez le Messie ; cette parole, c'est l'écroulement de votre renommée, l'anéantissement de votre œuvre, le ridicule va s'attacher à votre personne, nul ne prendra au sérieux la mission que vous vous attribuez. Pourquoi cette imprudence? — Jeune homme, levez-vous, je vous le commande. Tout le monde s'arrête, étonné, surpris ; on est dans l'attente, anxieux. Le mort se lève aussitôt et se met à parler. Or tous ceux qui étaient présents, et ceux qui portaient le brancard, et ceux qui entouraient Jésus, et ceux qui accompagnaient la mère désolée, furent bouleversés, stupéfaits, remplis de crainte. Ils ne savaient s'ils devaient en croire leurs oreilles et leurs yeux. Enfin, se rendant à l'évidence, ils se mirent à glorifier Dieu, à publier ses bienfaits, à exalter sa miséricorde en disant : Le grand prophète, annoncé par Moïse, s'est levé parmi nous et Dieu a enfin visité son peuple. Le bruit de ce miracle se répandit dans tous les pays environnants et tous furent persuadés que Jésus, malgré les apparences, n'était pas seulement homme, mais Dieu, parce que Dieu seul peut commander à la mort. Une chapelle est bâtie à l'endroit où s'accomplit le miracle ; nous y assistons à la messe. Après le déjeûner et un peu de repos, nous nous remettons en marche.

Il était 1 heure environ et le soleil était si ardent qu'il fallait cacher ses mains de peur d'une insolation. Bientôt on arrive à Sunam, le pays des abeilles. Elles se collent aux maisons et construisent leurs rayons dans le trou des murs. On marche comme au milieu des ruches ; c'est merveille qu'on ne gagne pas quelques piqûres. C'est à Sunam que le prophète Elisée (1) recevait une gracieuse hospitalité qu'il récompensa en obtenant, par ses prières, un fils à ses hôtes, et cet enfant, étant mort tout jeune, il le ressuscita. Il fit aussi quitter le pays à ses hôtes, pour les pré-

(1) Disciple et successeur d'Elie, 800 ans avant Jésus-Christ.

server des 7 années de famine que Dieu envoya à Israël en punition de ses impiétés. A Sunam encore, Elisée multiplia l'huile d'une pauvre veuve dont les créanciers voulaient prendre les enfants comme esclaves pour acquitter ses dettes. (IV L. des Rois, ch. IV.)

Les jeunes filles de Sunam portent sur la tête des couronnes de pièces de monnaie ; elles ont des bracelets aux bras et de nombreux anneaux aux doigts ; néanmoins, elles viennent, sans vergogne, vous tendre la main et demander bakchiche.

De Sunam à Jezraël nous sommes en pays plat. C'est le théâtre de la victoire de Gédéon sur les Madianites. Des hauteurs de Jezraël, nous découvrons la fontaine où ce juge d'Israël fit boire ceux qu'il devait garder avec lui. Les soldats devaient, sans fléchir le genou, c'est-à-dire sans s'étendre sur le gazon et boire à même dans la fontaine jusqu'à satiété, se contenter de prendre l'eau avec leur main et de la porter à leur bouche, plutôt pour se rafraîchir un peu que pour boire réellement. Il ne s'en trouva que trois cents qui eurent le courage de résister à leur besoin et de s'imposer cette privation. Munis de flambeaux allumés dans des vases de terre, ces guerriers pénétrèrent, la nuit, dans le camp de leurs ennemis, sonnèrent de la trompette, brisèrent les vases de terre qu'ils portaient, jetèrent l'épouvante parmi leurs ennemis et en firent un carnage considérable. (Livre des Juges, ch. VII.)

Le roi Achab avait un palais à Jezraël. Pour agrandir ses jardin, il demanda à Naboth, habitant de Jezraël, de lui vendre ou de lui échanger la vigne qu'il possédait près du palais. A Dieu ne plaise, dit Naboth, que je renonce à l'héritage de mes pères que la loi me défend d'aliéner. Mais la reine Jézabel suborna deux faux témoins qui accusèrent Naboth de blasphème et elle le fit lapider. Alors le roi, sans scrupule, confisqua les biens de Naboth et s'empara de sa vigne. En punition de cette usurpation et de ce meurtre, Joram, fils d'Achab, blessé à la guerre, mourut à Jezraël et fut jeté dans la vigne de Naboth. Par ordre de Jéhu victorieux, Jézabel fut précipitée d'une fenêtre de son palais, foulée aux pieds des chevaux et dévorée par les chiens. (IV L. des R., ch. IX.)

Un peu plus loin, nous apercevons les monts Gelboë, où moururent Saül et son fils Jonathas, ami de David. La déroute des Israélites fut complète et l'Arche d'Alliance prise par les Philistins. C'est au sujet de la mort de Saül et de Jonathas que David prononça cette malédiction contre Gelboë : « Que désormais la rosée, ni la pluie du ciel ne descendent sur Gelboë, que ses champs restent stériles, parce que là sont tombés les forts. » (II L. des R., ch. II.) Ces montagnes, qu'on dit cependant cultivées, m'ont paru d'une désolation particulière, au milieu de la désolation générale.

Mais le soleil baisse et nous sommes encore loin de Djenine où nous devons camper ; il est nuit noire quand nous arrivons. Les habitants, debout sur le seuil des portes, nous regardent passer, mais nous les distinguons à peine à cause des ténèbres et des nuages de poussière que notre marche soulève. Djenine est le village des dix lépreux guéris par Jésus-Christ. « En voyant approcher Jésus, ces lépreux, qui se tenaient à l'écart, se mirent à crier : Jésus, notre Maître, ayez pitié de nous! — Allez vous montrer aux prêtres, dit Jésus, et pendant qu'ils y allaient, ils furent guéris. Un seul, un étranger, un Samaritain, vint rendre grâces à Jésus. Où sont donc les neuf autres ? dit Jésus, n'ont-ils pas été guéris? »

Oh ! que la reconnaissance est rare !

Nous partons d'assez bonne heure le lendemain matin et bientôt nous arrivons à Kabatieh, en face de Dothaïn, où Joseph fut vendu par ses frères. Les fils de Jacob (1) en voulaient à Joseph parce que leur père avait pour lui une affection particulière. Or, Joseph, sans défiance, raconta naïvement à ses frères des songes qu'il avait eus et qui présageaient sa grandeur future. Il me semblait, disait-il, que nous liions ensemble des gerbes dans un champ, mais la mienne se tenait debout, et les vôtres, s'inclinant, paraissaient l'adorer. Une autre fois, il leur dit : J'ai vu le soleil, la lune et onze étoiles qui m'adoraient. Or ces songes augmentaient encore l'animosité de ses frères contre lui. Un jour donc qu'ils faisaient paître les troupeaux de leur père dans les environs de Sichem, Jacob envoya Joseph, qu'il avait gardé près de lui, pour avoir de leurs nouvelles. En le voyant arriver, la jalousie de ses frères redoubla et ils se dirent mutuellement : Voici notre songeur, tuons-le. Ils changèrent d'avis et le vendirent comme esclave à des marchands qui se rendaient en Egypte. En Egypte, Joseph fut d'abord très éprouvé ; mais après avoir expliqué les songes du roi, il devint gouverneur de l'Egypte. Il se fit reconnaître par ses frères, qui venaient près de lui acheter du blé, leur pardonna généreusement leur faute à son égard et sauva sa famille de l'affreuse disette qui désolait alors la contrée qu'ils habitaient. (Gen., ch. XXXVII.)

De Djenine à Kabatieh, la vallée est fertile et bien cultivée. Il y a des arbres, de la verdure et un commencement de chemin. C'est l'éveil du progrès. Dans les champs, plusieurs charrues et de vastes pièces de terre en pleine culture.

Nous faisons halte au pied de la montagne qui porte Sanour,

---

(1) Le troisième patriarche des Juifs ; il était fils d'Isaac, petit-fils d'Abraham, et père des douze patriarches d'Israël.

l'ancienne Béthulie, et nous voyons l'emplacement du camp d'Holopherne. Il nous semble entendre encore les acclamations des Juifs en recevant Judith et les cris d'effroi des Babyloniens en fuite. Le roi Nabuchodonosor, roi de Ninive et de Babylone, enivré de ses victoires sur les Mèdes, voulait soumettre toute la terre à son empire. Il envoya donc en Palestine Holopherne, général de ses armées, qui s'avança jusqu'à Béthulie, sans rencontrer de résistance. Mais Dieu suscita Judith, comme il avait autrefois suscité Débora, pour délivrer son peuple. Judith se rendit au camp d'Holopherne et, profitant de l'ivresse où ce général s'était laissé aller, elle lui coupa la tête et la rapporta à Béthulie, sa patrie. En apprenant la mort de leur général et en voyant les habitants de Béthulie courir au combat, les Babyloniens furent saisis de crainte et s'enfuirent, sans même chercher à se défendre. (Livre de Judith.)

Une blanche cigogne qui s'éleva à notre approche et qui vola quelque temps au-dessus de nos têtes, fut le seul être vivant que nous vîmes dans ces parages.

Samarie, aujourd'hui Sébaste, fut bâtie environ 1.000 ans avant Jésus-Christ, par Amri, VIe roi d'Israël, qui en fit sa capitale. Achab, son fils, qui avait épousé Jézabel, construisit à Samarie un temple à Baal et mérita, par ses impiétés, ainsi que Jézabel, le terrible châtiment dont nous avons parlé plus haut.

De Samarie il ne reste plus rien que des ruines, qui font juger de la richesse, de la beauté et de l'importance de la ville. La tente est dressée sur la hauteur, au milieu d'une large place d'herbe. Mais nous escaladons un petit mur de soutènement et nous nous établissons sous les énormes figuiers qui remplacent les portiques et le sanctuaire du temple d'Auguste, bâti par Hérode-le-Grand. Une quinzaine de colonnes sont encore debout et produisent, au milieu de ces arbres et des plantes dont le champ est ensemencé, un éclatant témoignage de la vanité des choses humaines. Mais la chaleur est lourde, le temps est à l'orage, on respire à peine et la viande répugne. Une Samaritaine nous apporte des œufs frais à 0,20 la douzaine et nous déjeûnons convenablement.

Ensuite nous allons visiter le tombeau de saint Jean-Baptiste, mis en prison et ensuite décapité par Hérode (1). Hérode avait enlevé la femme de son frère Philippe et vivait avec elle ; c'était un inceste, un adultère et un scandale très pernicieux. « Il ne vous est pas permis, disait Jean-Baptiste à Hérode, de garder cette femme. » Hérodiade, cette femme adultère, craignant qu'Hé-

(1) Hérode Antipas, fils d'Hérode-le-Grand et son successeur dans le Tétrarchat de Galilée.

rode cédât aux remontrances de Jean-Baptiste et la renvoyât, désirait la mort de ce conseiller fâcheux. Or, un jour, Salomé, sa fille, reçut du roi la promesse d'obtenir tout ce qu'elle demanderait en récompense d'une danse qu'elle avait exécutée à la fête du roi. Cette jeune fille, ne sachant à quoi s'arrêter, consulta sa mère. Demande la tête de Jean, répondit cette femme impudique et vindicative. Le roi envoya donc un soldat qui rapporta la tête du précurseur. La décollation eut lieu à Machéronte, au-delà de la Mer Morte, mais les disciples de Jean avaient aussitôt emporté son corps pour l'ensevelir. »

Autrefois, reposaient dans le même caveau les corps des prophètes Abdias et Elisée. Quelque temps après la sépulture d'Elisée, les Moabites vinrent exercer quelques déprédations à Samarie, et les parents d'un mort qu'on portait en terre, effrayés par la soudaine apparition des ennemis, le jetèrent précipitamment dans le tombeau d'Elisée. Or, à peine le mort eut-il touché le corps du prophète qu'il ressuscita. (IV. Liv. des Rois, ch. XIII.)

La basilique élevée par les Croisés sur le tombeau de saint Jean-Baptiste était la plus importante de toutes celles des Lieux saints. Elle était bâtie sur les ruines d'une autre qui existait au IVe siècle.

Samarie est le théâtre de la prédication de saint Philippe et des erreurs de Simon le mage. Cet homme, qui avait exercé la magie dans la ville, et séduit un grand nombre de personnes, se convertit à la foi, et, après son baptême, il s'attacha à saint Philippe. Quand les apôtres vinrent à Samarie donner le Saint-Esprit à ces nouveaux convertis, Simon leur offrit de l'argent pour obtenir d'eux le pouvoir de faire, lui aussi, descendre le Saint-Esprit. « Que ton argent périsse avec toi, dit saint Pierre, puisque tu as cru qu'on peut acheter le don de Dieu. Fais pénitence de ton péché et prie Dieu de te pardonner ta faute. » (Act. des Ap., ch. VIII.) Simon devint apostat. Plus tard, à Rome, il annonça qu'il monterait au ciel, comme Jésus-Christ, mais, abandonné par le démon qui le portait, il tomba d'une grande hauteur et se fracassa les membres. Il se fit ensuite enterrer tout vivant, prétendant qu'il ressusciterait, mais jamais il ne quitta ce tombeau volontaire.

En quittant Samarie, on tourne la montagne et on voit une grande quantité de colonnes, les unes debout, les autres couchées sur le sol et à moitié enterrées. Cette longue colonnade paraît avoir été une avenue de la porte de la ville au palais du roi.

La vallée que nous suivons pour aller à Sichem est fraîche et bien cultivée. Il y a des jardins, de beaux arbres, plusieurs cours d'eau, des ruines de moulins et des aqueducs assez bien conservés. C'est la plus belle vallée que nous ayons rencontrée jusqu'ici.

Enfin, **Sichem,** aujourd'hui Naplouse, se présente à nous. C'est à la chute du jour ; les curieux se groupent sur notre passage, les troupeaux rentrent des champs, courent aux abreuvoirs, obstruent notre passage et augmentent encore le nuage de poussière qui nous aveugle et que nous respirons. Heureusement que les microbes n'étaient pas encore inventés, autrement nous aurions été tous avalés. La ville paraît bien bâtie et plus propre que les autres. Il y a de grands arbres qui donnent de la fraîcheur. La ville est moderne et on y voit beaucoup de costumes européens.

Sichem est riche en souvenirs bibliques. C'est le premier pays où Abraham s'arrêta en venant de Haran. Dieu lui apparut et lui promit de donner cette terre à ses descendants. (Gen., ch. XII.) Jacob aussi habita Sichem ; il y creusa un puits qu'il donna ensuite à Joseph avec le champ qui l'environne. Mais il dut bientôt s'éloigner, car Dina, sa fille, s'étant aventurée à aller faire connaissance avec les jeunes filles du pays, fut enlevée par Sichem, fils d'Hémon, roi de la ville. Pour venger cet outrage, les frères de Dina massacrèrent tous les gens du pays et pillèrent toute la contrée. Craignant la révolte des peuples voisins contre lui, Jacob, par prudence, s'éloigna de ces lieux. (Gen., ch. XXXIV.) C'est à Sichem que les Israélites, en venant d'Egypte, apportèrent les restes de Joseph, où l'on voit encore son tombeau. C'est à Sichem, entre le mont Garizim et le mont Hébal, que Josué, après la conquête de la Palestine, prononça, en présence de l'Arche sainte et de tout le peuple assemblé, les bénédictions pour ceux qui resteraient fidèles à la loi de Dieu et les malédictions pour les prévaricateurs. (L. de Josué, ch. XXIV.) Plus tard, les rois d'Israël profanèrent ces lieux et bâtirent sur le mont Garizim un temple à leurs faux dieux.

A 20 minutes environ de la ville actuelle, se trouve le puits de Jacob, où Jésus, fatigué du voyage, s'assit un jour, pendant que ses disciples étaient descendus à la ville, chercher des provisions. A ce moment une femme du pays vint puiser de l'eau. « Donnez-moi à boire, lui dit Jésus. — Comment, dit cette femme avec étonnement, me demandez-vous à boire, vous qui êtes juif ? car les Juifs et les Samaritains n'ont pas de rapport entre eux. — Si vous connaissiez le don de Dieu, répartit Jésus, et celui qui vous demande à boire, peut-être lui en auriez-vous demandé vous-même, et il vous aurait donné de l'eau vive. — Comment pourriez-vous le faire ? interrogea la femme, car le puits est profond et vous n'avez rien pour puiser. — Celui qui boira de l'eau de ce puits, dit Jésus, aura encore soif, mais celui qui boira de l'eau que je lui donnerai n'aura plus jamais soif, car cette eau deviendra en lui une fontaine qui rejaillira jusque dans la vie éternelle. — Seigneur, lui dit la femme, donnez-moi de cette eau afin que je n'aie plus soif et que je n'aie plus besoin de venir en tirer ici. Jésus lui dit : Allez, appelez votre mari et venez avec lui. Cette femme lui dit : Je n'ai point de mari. — Vous avez raison, dit Jésus, car vous avez déjà eu cinq maris et celui que vous avez maintenant, n'est pas davantage votre mari. — Seigneur, dit la femme, je vois que vous êtes un prophète. Et bientôt, laissant là son urne, elle retourna à la ville et disait à tous ceux qu'elle rencontrait : Venez voir ; il y a là un homme qui m'a dit tout ce que j'ai fait. Ne serait-ce pas le Christ ? On se rendit près de Jésus et on crut à ses paroles. Jésus resta deux jours au milieu d'eux pour les instruire. » (Ev. St Jean, ch. IV.)

La Sichem primitive, la Sichem évangélique était plus rapprochée du puits de Jacob que la ville actuelle. Elle avoisinait le tombeau de Joseph. Le puits de Jacob, ou puits de la Samaritaine, n'a plus d'eau aujourd'hui. Grâce à un officier turc, nous pûmes y célébrer la sainte messe : c'était la première fois depuis les Croisades. Le propriétaire du champ, musulman fanatique, s'opposait à ce qu'on dressât la tente et qu'on célébrât la sainte messe, et faisait des menaces. Un officier de la caserne voisine, mis au courant de l'incident, termina vite l'affaire. D'une main il prit son fouet, et de l'autre le récalcitrant, qu'il fouetta d'importance ; après quoi, il le renvoya en lui disant : Avant d'être à toi, le champ appartient au Sultan.

Après la prise de Jérusalem par les Croisés, Sichem devint la possession de Tancrède, mais, après la bataille d'Hattine, elle tomba au pouvoir des Sarrasins. Sainte Hélène avait construit une magnifique église sur le puits de la Samaritaine et les Croisés l'avaient relevée ; aujourd'hui, tout a disparu.

On va visiter dans la ville le fameux Pentateuque samaritain qu'on fait remonter à 1500 ans avant Jésus-Christ. Il est écrit en beaux caractères samaritains, et il consiste en une bande de parchemin, longue de plusieurs mètres, disposée autour de deux baguettes en argent de telle façon qu'une partie s'enroule lorsque l'autre se déroule.

Sous ma tente, pendant la sieste, je rappelle mes souvenirs, et je cherche dans ces Arabes qui passent là-bas, sur le flanc de la montagne, quelques types qui me rappellent Abraham ou Jacob.

C'est à Sichem que j'ai vu des lépreux pour la première fois.

Saint-Gilles. — Nous quittons Sichem assez tard dans l'après-midi. A quelque distance du puits de Jacob, nous faisons la rencontre d'une caravane de 30 à 40 Autrichiens, qui venaient de Jérusalem. Ce fut un plaisir de voir des Européens. On se salue avec enthousiasme, on s'aime sans s'être jamais vu et on se fait les souhaits les plus heureux.

Nous marchons longtemps dans une large vallée aboutissant au Kan Loubban, où nous faisons halte et où nous allons nous rafraîchir à la fontaine. Le bassin est large et profond, mais l'eau, qui arrive jusqu'au bord, est tiède comme partout. Or, comme tout le monde veut boire, qu'on se presse et qu'il n'y a pas de parapet, un jeune homme, monté sur le mur, perd l'équilibre, pique une tête et va sonder la profondeur de la citerne. Personne ne fut mieux rafraîchi que lui. Cet épisode n'eut rien de fâcheux ; on rit, et ce fut tout. Moi, je ne riais pas : j'éprouvais une indisposition qui aurait pu devenir grave. J'ai su en reconnaître les causes et j'ai pu en prévenir les fâcheuses conséquences.

Cependant, le soleil était couché, les ombres s'épaississaient et il fallait gravir une montagne abrupte, marcher longtemps sur la hauteur dans des sentiers où souvent deux chevaux ne pouvaient passer de front. Dans le vallon, que nous surmontons, nous apercevons trois ou quatre petits feux, habitations probables de bergers. Nous arrivons à Saint-Gilles, en pleine nuit, et nous nous rendons immédiatement au campement. Le village de Saint-Gilles ne remonte qu'aux Croisades et n'offre aucun intérêt.

Mais, un peu au nord et caché dans un repli de montagne, se trouve Silo, où Josué, après la conquête de Chanaan, déposa l'Arche d'Alliance, qui y resta 328 ans. Ce fut à Silo qu'Anne, épouse stérile d'Elcana, vint demander au Seigneur de lui accorder un fils. « Si vous exaucez ma prière, dit-elle, ô Seigneur, je vous consacrerai cet enfant et jamais le rasoir ne passera sur sa tête. » L'année suivante, Anne eut un fils ; elle l'appela Samuel, parce qu'elle l'avait demandé au Seigneur, et, selon sa promesse, elle le consacra à Dieu. (L. des Rois, ch. I.)

C'est à Silo aussi, que Dieu révéla au grand-prêtre Héli les châtiments qu'il allait lui infliger à cause des fautes de ses fils et de sa négligence à les corriger. « Héli était devenu vieux et aveugle, mais Samuel dormait dans le temple où était l'Arche de Dieu, en attendant l'heure d'éteindre les lampes du sanctuaire. Le Seigneur appela Samuel, qui répondit : Me voici, et, aussitôt, il se rendit près d'Héli et lui dit : Me voici, car vous m'avez appelé. Héli lui dit : Je ne vous ai pas appelé; retournez donc et dormez. Ceci s'étant renouvelé trois fois, Héli comprit que le Seigneur voulait parler à Samuel et lui dit : Allez, dormez, et si on vous appelle de nouveau, vous direz : Parlez, Seigneur, car votre serviteur écoute. Une quatrième fois le Seigneur appela Samuel et lui annonça tout ce qui devait arriver à Héli et à ses enfants. En apprenant ces choses, Héli dit : Le Seigneur est le maître : qu'il fasse ce qui est agréable à ses yeux. (1. L. des Rois, ch. III.) Quelques jours plus tard, les Philistins vainquirent les Israélites, les deux fils d'Héli furent tués et l'Arche d'Alliance prise. A cette nouvelle, Héli tomba de son siège à la renverse, se fracassa la tête et mourut. (1. L. des Rois, ch. IV.)

De Saint-Gilles à Ramallah, où nous devons déjeûner, le chemin est mauvais. D'abord une montagne à descendre, capable d'effrayer les plus audacieux, et bientôt, un étroit ravin entre deux montagnes ; l'air manque et le soleil darde sur nous des rayons de feu impossibles à éviter. Mais, c'est le chemin que suivit Jésus autrefois. Cette pensée ranime notre courage et nous fait supporter chrétiennement toutes les difficultés du voyage. Dans cet étroit passage, le vénérable M. Beurnonville, un des directeurs du pèlerinage, reçut un coup de pied de cheval, qui faillit lui casser la jambe. Nous sommes en plein sur les montagnes d'Ephraïm, si souvent nommées dans les luttes des rois d'Israël contre les rois de Juda, et tout près de l'ancienne Ephrem, où Jésus se retira après la résurrection de Lazare. (Ev. St Jean, ch. XI.) Enfin nous arrivons à Béthel.

Que de souvenirs à Béthel ! Jacob, en allant en Mésopotamie pour échapper à la vengeance de son frère Esaü, s'arrêta à Béthel, après une longue journée de marche. Il se coucha sur la terre et, roulant sous sa tête une pierre pour lui servir d'oreiller, il s'endormit. Pendant son sommeil, il vit en songe une échelle dont le pied s'appuyait sur la terre et dont le sommet touchait au ciel. Les anges montaient et descendaient le long de cette échelle et Dieu, apparaissant en haut, lui dit : Je suis le Dieu d'Abraham et d'Isaac, tes pères ; je te donnerai, et à ta postérité, la terre sur laquelle tu reposes. Ta race sera nombreuse, et en toi seront bénis tous les peuples de la terre. A son réveil, Jacob s'écria : Vraiment le Seigneur est ici, et je l'ignorais. Que ce lieu est terrible, dit-il en tremblant, et digne de vénération ! Ce n'est rien moins que la maison de Dieu et la porte du ciel. (Gen., ch. XXVIII.) A son retour de Mésopotamie, Jacob s'arrêta à Béthel et y éleva un autel à Jéhovah. Dieu lui apparut de nouveau et lui renouvela les promesses qu'il lui avait faites auparavant. On ne t'appellera plus Jacob, lui dit-il, Israël sera désormais ton nom. (Gen., ch. XXXV.) C'est à Béthel que mourut Débora, la nourrice de Rébecca, mère de Jacob.

L'impie Jéroboam, roi d'Israël, fit placer un veau d'or à Béthel et venait offrir des sacrifices à cette idole. Le prophète Amos prophétisa contre Béthel : « Ne cherchez point Béthel, elle est réduite à rien. » Aujourd'hui Béthel n'est qu'un village de 300 habitants. Près de Béthel, on aperçoit des ruines qui marquent le lieu où Abraham vint camper, en venant à Sichem. Que la montagne de Béthel est triste, aride, désolée ! De larges quartiers de rochers s'y montrent à nu. Si Jacob revenait, il trouverait encore facilement un oreiller semblable au premier.

Nous descendons la montagne et nous arrivons à Ramallah, pays jusqu'ici inconnu pour moi. Mais la tradition rapporte que c'est là où à Bireth (Biroth) que Marie et Joseph, en revenant des fêtes de Jérusalem, s'aperçurent que l'Enfant Jésus n'était avec aucun groupe de leurs connaissances, comme ils le croyaient d'abord. « Quand l'enfant eut douze ans, Marie et Joseph l'emmenèrent avec eux à Jérusalem pour célébrer la fête de Pâques, comme ils avaient coutume de le faire, tous les ans. Mais, à l'expiration de ces fêtes, l'Enfant Jésus resta à Jérusalem sans que ses parents, préoccupés des détails du départ, y fissent attention. Ils marchèrent ainsi pendant toute une journée, sans inquiétude, pensant qu'il était avec quelques-unes de leurs connaissances ; mais, le soir, au moment du coucher, ils ne le trouvèrent nulle part. Très affligés, ils retournèrent le lendemain, dès la première heure, à Jérusalem, le cherchant avec diligence, partout où ils supposaient qu'il avait pu se réfugier. Ce ne fut que le troisième jour qu'ils le trouvèrent dans le temple, assis au milieu des docteurs de la loi, les écoutant avec attention, répondant à leurs questions avec une science et un à-propos qui les étonnaient, et les interrogeant à son tour. En le voyant, Marie lui dit : O mon fils, pourquoi vous êtes-vous ainsi conduit à notre égard ? Depuis trois jours, votre père et moi, nous vous cherchons partout avec inquiétude et affliction. — Pourquoi me cherchiez-vous ailleurs et n'êtes-vous pas venus directement ici ? dit Jésus avec calme. Ne savez-vous pas que je dois m'occuper des intérêts de mon Père qui est au ciel ? Il les suivit ensuite à Nazareth et il leur était soumis. (Ev. St Luc, ch. II.)

C'est dans ces parages aussi que se trouvait Gabaon. Or, pour surprendre Josué et éviter le sort de Jéricho et de Haï, les Gabaonites envoyèrent une députation à Josué, pour contracter alliance avec lui. Ces rusés ambassadeurs prirent des vivres avec eux et mirent des vieux sacs sur leurs ânes, pour le vin des outres qui avaient été rompues et recousues ; ils portaient des vêtements usés et des souliers tout rapiécés ; les pains qu'ils avaient étaient durs et rompus en morceaux. Nous venons d'un pays fort éloigné, dirent-ils, pour faire alliance avec vous, car le bruit de votre puissance et de vos exploits est venu jusqu'à nous. Voyez, ces pains étaient tout chauds quand nous sortîmes, ces outres toutes neuves, ainsi que nos vêtements et nos souliers. La longueur du voyage a tout usé. Josué, sans défiance, crut à leurs paroles et fit alliance, sans consulter le Seigneur. Bientôt, il reconnut son imprévoyance et la duplicité de ces gens-là; mais, à cause de l'alliance qu'il avait contractée, il leur conserva la vie et il en fit les serviteurs du peuple. — Quelque temps après, les rois voisins de Gabaon se liguèrent entre eux et vinrent mettre le siège devant la ville, pour punir les Gabaonites de s'être donnés à Josué. Josué, averti, vint à la hâte au secours de ses alliés et mit leurs ennemis en déroute. Mais, craignant que la nuit qui avançait, l'empêchât de remporter une victoire complète, il dit en présence de tout Israël : « Soleil, ne descends pas au-dessous de Gabaon, et toi, lune, ne monte pas au-dessus de la vallée d'Aïalon », et le soleil et la lune s'arrêtèrent et il n'y eut jamais ni avant, ni depuis, un jour si long que celui-là. Les ennemis furent complètement exterminés. (L. de Josué, ch. IX et X.)

A Ramallah, il y a une mission catholique, un curé et des religieuses. Le curé nous reçoit dans son presbytère, dont les vastes corridors servent de réfectoires. L'eau est bonne et fraîche. De l'eau fraîche, quelles délices ! La chapelle est petite et pauvre ; mais c'est dimanche, nous avons le salut et, naturellement, on fait une quête. Il faut être généreux. Le vénérable M. Beurnonville, quêteur, peut-être un peu surpris, mais assurément très content, me dit un grand et pieux : Dieu vous le rende !

Rien à voir à Ramallah. D'ailleurs, le soleil est brûlant, le temps à l'orage, le tonnerre gronde.

On se met en marche néanmoins et, d'abord, on longe des côteaux cultivés, plantés de vignes et peuplés de petites maisonnettes qui agrémentent le paysage. On se croirait en Bourgogne, dans les environs de Bar-sur-Seine. Mais voici la pluie et la grêle, et nous sommes lavés d'importance. Mon cheval refuse d'avancer et il faut stationner, au milieu des champs, sous une pluie dont on n'a pas l'idée en France. Mon ombrelle, dont un tiers est perdu, me garantit cependant tout le haut du corps. Je croise mes jambes sur le cou de mon cheval, le dos tourné à la pluie, et j'attends. Une nuée passe vite ici, et le soleil le plus radieux et le plus chaud se met en devoir de réparer les avaries de l'orage.

Pendant quelque temps, nous faisons route avec une jeune fiancée qui, dit-on, va au-devant de son époux. Elle est montée sur une cavale que suit son poulain en gambadant en liberté. Deux femmes et quelques Arabes, armés de longs fusils, lui font escorte.

Nous voici arrivés au sommet du Mont Scopus et Jérusalem paraît à nos regards. Nous voyons ses murailles et ses coupoles, ses maisons blanches, terminées en terrasses, ses minarets et son clocher catholique. Le cœur bat dans la poitrine. On descend de cheval et on baise la terre avec respect.

Alexandre-le-Grand s'avançait contre Jérusalem avec l'intention de s'en emparer, 333 ans avant Jésus-Christ. Mais le grand prêtre Jaddus, revêtu de ses habits pontificaux et accompagné d'un grand nombre d'habitants de Jérusalem, vint à sa rencontre sur le mont Scopus. Alexandre reconnut en lui, l'homme vénérable qu'il avait vu en songe, il se prosterna et adora le nom de Dieu écrit sur sa tiare. Il entra ensuite avec Jaddus dans Jérusalem. On lui fit lire les prophéties de Daniel à son sujet. Il se reconnut dans la description du prophète et s'en réjouit. Il offrit alors des sacrifices au Seigneur et exempta le peuple, pendant les années sabbatiques, du tribut qu'on lui payait chaque année.

Le mardi 7 juin 1099, toute l'armée des Croisés, princes, soldats, pèlerins, sortis de Nicopolis vers minuit, avaient franchi les derniers sommets qui dérobaient à leurs regards la ville sainte. Soudain, une immense acclamation de pieuse allégresse se fit entendre : Jérusalem ! Jérusalem ! Les piétons détachèrent leurs chaussures, les chevaliers mirent pied à terre, et tous, prosternés, fondant en larmes, adorèrent le Dieu dont la miséricorde les avait conduits dans cette sainte Sion. Tous, dit Raoul de Caen, les genoux en terre, les yeux fixés sur la ville, le cœur au ciel, chantèrent : Salut, Jérusalem, gloire du monde, théâtre de la Rédemption ! Le ciel, la terre, le soleil et toi fûtes témoins de la passion du Christ..... Salut, montagne des Oliviers ! Salut, mont royal de Sion ! Salut, étoile des mers, porte du ciel, Vierge Marie, mère immaculée ! Salut, salut à tout cet horizon béni : fleuvés, rivages, bois, fontaines, campagnes et cités, vallées et montagnes, salut ! (Darras, Hist. de l'Egl., t. 23, p. 595.)

Sur le mont Scopus, nous rencontrâmes une députation d'honneur, envoyée par le consulat et les principales communautés chrétiennes de la ville. Quand tout le monde fut réuni, en entonna le psaume *Lætatus sum,* qu'on chanta avec enthousiasme, et on se mit en marche en colonne serrée ; mon escadron ouvrait la marche. Notre entrée à Jérusalem fut imposante : les pèlerins qui n'avaient pas traversé la Samarie et qui nous avaient précédés de quelques jours, vinrent à notre rencontre à la porte de la ville et, avec eux, une grande multitude de toute race et de toute religion. Nous laissons nos chevaux à la porte de Jaffa, dans le terrain où s'élève aujourd'hui Notre-Dame de France. Nous nous rangeons en procession et nous entrons dans la ville en chantant. Notre première visite fut pour le Saint-Sépulcre, où le R. P. Vicaire des Franciscains de la Terre-Sainte nous souhaita la bienvenue en termes émus. Les textes de l'Ecriture étaient bien appropriés et habilement commentés. Un magnifique *Te Deum,* chanté devant le tombeau du Rédempteur, termina cette journée. C'était le dimanche 10 mai.

Jérusalem ! est-ce un rêve ? Ne suis-je pas le jouet de l'illusion ? Mais non, je ne rêve pas, mais non, je ne me fais pas illusion. Je suis bien réellement à Jérusalem. Déjà, je suis allé au Saint-Sépulcre ; déjà, j'ai vu le Calvaire et je vais m'installer dans la maison des Frères des Ecoles chrétiennes, où j'habiterai tout le temps de mon séjour ici. Qui n'envierait mon bonheur ? Et comment, ce soir, me rendre compte de tout ce que je vois et de tout ce que j'entends ?

IV

Jérusalem — Le Saint-Sépulcre et le Calvaire La Mosquée d'Omar — Le Mont Sion La Voie douloureuse

Jérusalem, qui, au témoignage de saint Paul, signifie : Vision de paix, est bâtie sur une double rangée parallèle de collines d'inégale hauteur, savoir à l'est : Bézétha, Moriah, Ophel ; à l'ouest : Gareb, Acra, Sion. Elle est située à 780 mètres environ au-dessus de la Méditerranée, sur un des points culminants de la Judée, par 31° 46' de latitude nord et 33° de longitude est, sauf du côté nord ; elle est entourée de ravins profonds bornés eux-mêmes par de hautes collines qui ne permettent pas de la voir de loin.

Jérusalem est l'ancienne Salem, qui veut dire : paix, fondée sur le mont Acra, selon la tradition, par Melchisédech, prêtre du Très-Haut. Bientôt Salem tomba au pouvoir des Jébuséens, qui construisirent sur le mont Sion une citadelle qu'ils appelèrent Jébus, du nom de leur père. En réunissant les deux noms Jébus et Salem, on a fait Jérusalem. David s'empara de la forteresse de Jébus, et le mont Sion fut appelé la cité de David, parce qu'il y fixa sa résidence. Jérusalem devint la capitale de son royaume. Sous le règne de Salomon, Jérusalem atteignit l'apogée de sa grandeur. La construction du Temple et d'autres monuments magnifiques, les rapports commerciaux étendus jusque dans l'Inde et l'Afrique, etc., firent de cette ville le centre de la civilisation dans l'Asie occidentale. Mais elle perdit bientôt de son importance par l'établissement du royaume d'Israël. Ruinée par Nabuchodonosor, en 606 avant Jésus-Christ, elle fut rebâtie par Néhémias, après les 70 années de captivité. L'an 70 de l'ère chrétienne, Titus l'assiégea et la détruisit de nouveau ; le temple lui-même fut incendié, malgré les ordres de l'empereur. Le vendredi 15 juillet 1099, à trois heures de l'après-midi, après quelques jours de siège et deux assauts héroïques, Godefroy de Bouillon, chef des Croisés, s'empara de Jérusalem. A peine fut-il entré dans la ville, qu'il déposa son armure et, revêtu de la robe de laine des pénitents, il se rendit, pieds nus et fondant en larmes, au sépulcre de N.-S. Jésus-Christ. Il resta longtemps en prières, remerciant Dieu de la faveur qu'il lui accordait de contempler de ses yeux mortels ce lieu sacré, terme de son pèlerinage et objet de tous ses vœux.

Depuis la bataille d'Hattine, Jérusalem est au pouvoir des musulmans.

Jérusalem n'est plus la belle, la brillante ville d'autrefois. Elle est déchue de sa beauté, depuis le jour où les armées romaines ont accompli les prophéties de Jésus-Christ à son sujet. Ses rues sont tortueuses, étroites, mal pavées, souvent malpropres. A certains endroits, des maisons, bâties à cheval au-dessus des rues, forment des voûtes, des tonnelles qui préservent du soleil, mais qui assombrissent la ville. Sa joie a disparu ; elle est enveloppée comme d'un voile de tristesse et d'une atmosphère de mélancolie.

Le lundi 11 mai, je me levai un peu tard. Depuis 15 jours on n'avait couché que dans des hamacs et sous la tente du désert, et la veille au soir je me trouvais fatigué. Après la messe, que j'ai dite à la chapelle des Frères, je me rendis à la Basilique de la Résurrection et on organisa aussitôt une procession. En passant devant le Saint-Sépulcre, une fillette de 12 à 15 ans, qui nous suivait en nous offrant des images, me dit : Mon Père, voici le Saint-Sépulcre. — Peut-on y entrer, dis-je? — Venez, je vais vous y conduire. Deux prêtres y étaient déjà avant moi ; je m'y prosternai à mon tour ; je ne vis rien à ce moment et je ne sais si j'ai pu prier ; mais, le front appuyé sur le marbre qui recouvre le tombeau, je pleurai abondamment, en répétant : *Credo carnis resurrectionem.* Je dus me retirer bientôt pour faire place à d'autres. — Mène-moi au Calvaire, dis-je à l'enfant. — J'étais donc au Calvaire, le lieu le plus sacré du monde, l'autel de la rédemption des hommes, le théâtre de la réconciliation du ciel et de la terre. Avec quelle piété je plongeai ma main dans le trou où la Croix fut plantée, j'enfonçai mon bras dans la fente du rocher ! Je ne me lassais pas de baiser la terre, j'aurais voulu la mouiller de mes larmes. Que ne vient-on plus nombreux au Calvaire ? Comment peut-il se faire qu'on l'oublie et qu'on ne vienne pas de toutes les contrées de la terre le visiter et le baiser ? Je descendis avec l'enfant dans la chapelle de sainte Hélène et à la chapelle de l'Invention de la sainte Croix ; j'étais seul, tranquille, rien ne venait me distraire, et je passai là des instants bien doux et inoubliables.

Dans l'après-midi, nous recommençâmes, sous la conduite du Frère Liévin, la visite détaillée de toute la basilique du Saint-Sépulcre, et chaque objet nous fut savamment expliqué.

La Basilique du Saint-Sépulcre ou de la Résurrection est une vaste église renfermant dans son enceinte le saint Sépulcre et le Calvaire. Elle est surmontée d'une majestueuse coupole, qui abrite le saint Sépulcre, et d'une autre moins importante, qui couvre le Calvaire. A l'extérieur, elle est à peu près complètement masquée par des maisons et précédée d'un parvis où des marchands d'objets de piété se tiennent assis, les jambes croisées à la façon de nos tailleurs d'habits, près de leur marchandise étalée sur une natte étendue à même sur le pavé. Deux vastes portes, séparées par un piller en pierre, donnaient autrefois entrée dans l'église.

Aujourd'hui, la porte de droite est murée, celle de gauche seule est ouverte et gardée par des musulmans.

Le premier objet qui frappe les regards, en entrant dans la basilique, c'est la Pierre de l'Onction. Cette pierre, sur laquelle le corps de Jésus fut lavé et embaumé, après la descente de la Croix, est recouverte d'une pierre rouge, élevée de 0 m. 30 centimètres au-dessus du sol et ornée à chaque angle d'un pommeau doré. Elle mesure 2 mètres de long et 1 m. 30 de large. Dix lampes, entretenues par les latins, les grecs, les arméniens et les coptes, brûlent continuellement au-dessus de cette pierre. En entrant dans l'église, les pèlerins ne manquent pas de s'agenouiller devant cette pierre, d'y prier et de la baiser avec respect.

Le soir même du crucifiement, Joseph d'Arimathie, qui était disciple de Jésus, mais, sans se faire connaître, par crainte des Juifs, alla courageusement trouver Pilate et lui demanda l'autorisation d'enlever le corps de Jésus et de l'ensevelir. Pilate, s'étant assuré près du centurion qui veillait au pied de la croix, que Jésus était vraiment mort, permit à Joseph de l'enlever. Joseph acheta un linceul et se rendit au Calvaire. Nicodème, qui autrefois était venu trouver Jésus pendant la nuit, y vint de son côté, apportant cent livres d'une composition de myrrhe et d'aloës. Ensemble ils détachèrent le corps de Jésus de la croix et procédèrent à son ensevelissement. Ils l'étendirent sur une pierre, lavèrent ses plaies, versèrent sur lui leurs parfums et l'enveloppèrent de bandelettes de linge, avec les aromates, selon que les Juifs ont l'habitude d'ensevelir leurs morts.

Tout près du Calvaire, il y avait un jardin, et, dans ce jardin, un sépulcre tout neuf, taillé dans le roc, où personne encore n'avait été inhumé. C'est dans ce tombeau que, pressés par l'heure où le sabbat allait commencer, ils déposèrent le corps de Jésus. Ensuite, ils roulèrent une grosse pierre pour en fermer l'entrée et se retirèrent.

Mais, le lendemain, les princes des prêtres et les pharisiens allèrent trouver Pilate et lui dirent : Seigneur, nous nous sommes souvenus que ce séducteur a dit pendant sa vie : Je ressusciterai trois jours après ma mort. Ordonnez donc de garder le sépulcre jusqu'au troisième jour, de peur que ses disciples viennent à la dérobée enlever le corps et disent au peuple : Il est ressuscité. Car cette fraude serait pire que tous les mensonges qu'il a pu débiter. — Vous avez des gardes, dit Pilate, indigné. Allez et faites-le garder comme vous voudrez. Ils se rendirent donc au tombeau, ils en fortifièrent la fermeture, en scellèrent la pierre et y mirent des gardes. (Evangile.)

Au centre de la rotonde, qui a 19 mètres 30 de diamètre, se trouve le saint Sépulcre, qui n'est autre que le tombeau où fut déposé le corps de Jésus-Christ et où il resta depuis le vendredi soir, jusqu'au dimanche matin. Ce tombeau est renfermé dans un édicule qui lui sert d'écrin. Cet édicule mesure 8 mètres 25 de long, sur 5 mètres 55 de large et 5 mètres 50 de haut ; il est orné de 16 pilastres en pierre rougeâtre, couronné d'une balustrade en colonnettes et surmonté d'un dôme. Sa façade, qui regarde l'Orient, est décorée de 4 colonnes torses en pierre du pays. L'intérieur de l'édicule est divisé en deux parties qui forment comme deux petites chambres, presque carrées, et communiquant entre elles par une porte basse et étroite. La première de ces deux chambres est appelée la chapelle de l'ange, parce que c'est là que se tenait l'ange, assis sur la pierre renversée du sépulcre, quand il annonça aux saintes femmes la résurrection du Sauveur. Elle a 3 mètres 40 de long et 2 mètres 90 de large; au milieu, se trouve un piédestal, sorte de petite crédence, renfermant, dans un cadre de marbre blanc, une partie de la pierre qui fermait l'entrée du tombeau pendant la sépulture de Jésus-Christ. Cette pierre mesure 0 m. 29 sur chaque face.

La seconde chapelle, celle du fond, est le tombeau même de Jésus-Christ. Elle a 2 mètres 07 de long et 1 mètre 93 de large ; ses parois intérieures sont recouvertes de plaques de marbre blanc qui cachent le roc naturel et le protègent contre les entailles que les pèlerins, avides d'avoir une relique, ne manqueraient pas d'y faire. Le saint tombeau consistait en un banc creux, disposé en forme d'auge et surmonté d'une petite arcade entièrement taillée dans le rocher. Il est élevé de 0 m. 65 au-dessus du pavement et mesure 1 m. 89 de long et 0 m. 93 de large ; il adhère au rocher de trois côtés : au nord, à l'est et à l'ouest ; le devant, au sud, et le dessus sont revêtus de marbre. Au-dessus de la tombe sacrée, les Pères Franciscains adaptent un autel portatif pour la célébration de la sainte messe. Le mardi 12 mai, après avoir passé la nuit dans une cellule des Franciscains, à l'aurore, à l'heure où Jésus sortit vivant et glorieux du tombeau, j'eus le bonheur inestimable de célébrer la sainte messe sur le tombeau même du Sauveur. Que n'est-on séraphin dans ces circonstances ! Le tombeau n'a pour ornementation qu'un petit retable à trois compartiments, comprenant, celui du milieu, un relief en marbre blanc représentant la résurrection, et les deux autres, des tableaux du même mystère. Une quantité de lampes brûlent continuellement au-dessus du saint tombeau.

Le Calvaire n'est plus aujourd'hui dans son état primitif. Sainte Hélène, pour orner plus facilement le saint Sépulcre, eut la fâcheuse idée de le séparer du Calvaire en taillant et en enlevant les terrains qui descendaient du sommet de la colline au saint Sépulcre, en passant par la pierre de l'Onction. Elle ne toucha, il est vrai, ni au sommet du Calvaire, témoin du drame de la Rédemption, ni au saint Sépulcre lui-même, car elle conserva l'énorme rocher dans lequel il était taillé et qui subsiste encore aujourd'hui, mais elle défigura les lieux. Pour monter du saint Sépulcre au Calvaire, au lieu de suivre la pente naturelle de la colline, il faut avoir recours aujourd'hui à un escalier étroit et rapide, de 18 marches. En quittant cet escalier, une rosace, à droite, incrustée dans le pavement, indique la place où Jésus fut dépouillé de ses vêtements, et le carré en mosaïque qui y fait suite, marque l'endroit précis du crucifiement. A quelques mètres plus loin s'élève l'autel du crucifiement, où j'ai eu la consolation de dire plusieurs fois la messe. A droite, le mur de la chapelle est percé d'une fenêtre grillée, donnant vue dans la chapelle de N.-D. des Sept-Douleurs et de saint Jean l'évangéliste. C'est là, d'après la tradition, que se tenaient la Sainte Vierge et l'apôtre bien-aimé pendant que les bourreaux attachaient Jésus à la croix.

A gauche de cette première chapelle, et tout à l'extrémité du Calvaire, se trouve un petit autel appartenant aux Grecs schismatiques. Sous cet autel, on voit le trou où fut plantée la croix du divin Sauveur et sur laquelle il mourut. Cette ouverture du rocher est entourée d'une plaque d'argent, qui laisse à découvert assez d'espace pour qu'on y introduise facilement la main. De chaque côté de l'autel, à 2 mètres environ en arrière, se trouve l'emplacement des croix des voleurs crucifiés avec Jésus. La place de ces croix est marquée par une dalle noire et ronde encastrée dans le pavé. Enfin, du côté de l'épitre, de cet autel on voit, en soulevant une plaque et le grillage en argent qui la recouvre, la large fente miraculeuse du Calvaire. Ce qu'on peut apercevoir de cette fente aujourd'hui mesure 1 m. 60 de long sur 0 m. 15 de large. Elle forme une ligne ondulée, allant de l'est à l'ouest et s'enfonce bien avant dans les entrailles de la terre.

On visite cet autel, on y prie, mais les schismatiques ne permettent pas aux catholiques d'y célébrer la messe.

Entre l'autel de la mort de Jésus-Christ et celui du crucifiement se trouve l'autel du *Stabat* ou de la Compassion de la Sainte Vierge ; c'est là qu'elle se tenait pendant que Jésus-Christ était sur la croix ; là aussi qu'elle reçut entre ses bras le corps de son divin Fils, détaché de la croix. Cet autel appartient aux catholiques et j'ai eu le bonheur d'y célébrer la messe.

Quel lieu peut-être comparé au Calvaire ? Quel endroit rappelle de pareils souvenirs et fait éprouver de si profondes émotions ?

Avant de descendre du Calvaire, lisons quelques lignes de l'Evangile ; elles auront là toute leur saveur.

« Sitôt que Pilate eut abandonné Jésus aux Juifs, ils se saisirent de lui et l'emmenèrent pour le crucifier. Jésus, chargé de sa croix, vint au lieu appelé Calvaire, et nommé Golgotha, en hébreu, où ils le crucifièrent, et avec lui, deux voleurs, l'un à droite, l'autre à gauche. Jésus disait : Mon Père, pardonnez-leur, car ils ne savent ce qu'ils font ; et les soldats se partageaient ses vêtements et jetaient sa robe au sort, pour savoir à qui elle appartiendrait, car, comme elle était sans couture, mais d'un seul tissu du haut jusqu'en bas, ils ne voulaient pas la couper. Le peuple et les princes des prêtres, présents à ce spectacle, se moquaient de Jésus et l'insultaient en disant : Il a sauvé les autres et ne peut se sauver lui-même ! S'il est le Fils de Dieu, comme il l'a dit, s'il est le roi d'Israël, qu'il descende de la croix, et nous croirons en lui ! Ainsi fut accomplie la prophétie d'Isaïe, chap. 53 : « Il a été mis au nombre des criminels », et cette autre de David, 1.000 ans auparavant : « Ils ont percé mes pieds et mes mains et ils ont pu compter tous mes os... Ils se sont partagé mes vêtements et ont jeté ma robe au sort... Tous ceux qui me voyaient se moquaient de moi, ils en parlaient avec outrage et ils m'insultaient en branlant la tête. » (Ps. 21).

Un des voleurs, crucifiés avec Jésus, blasphémait aussi contre lui, en disant : Si tu es le Christ, sauve-toi toi-même et nous avec toi ! L'autre, au contraire, le reprenait et lui disait : N'as-tu pas plus de crainte de Dieu que tout ce peuple ? C'est avec justice que nous souffrons, nos crimes ont mérité le châtiment ; mais lui, quel mal a-t-il fait ? Et, s'adressant à Jésus, il lui dit : Seigneur, souvenez-vous de moi quand vous serez dans votre royaume. — Aujourd'hui même, lui répondit Jésus, vous serez avec moi dans le paradis. — Vers la sixième heure du jour (midi), le soleil s'obscurcit et les ténèbres couvrirent toute la terre, jusqu'à la neuvième heure (3 h. de l'après-midi). Jésus jeta alors un grand cri et dit : Tout est consommé, et, inclinant la tête, il expira. Alors le voile du temple se déchira depuis le haut jusqu'en bas, la terre trembla, les rochers se fendirent, les sépulcres s'ouvrirent et plusieurs corps des saints qui étaient dans le sommeil de la mort ressuscitèrent. Or, le centenier et tous ceux qui étaient avec lui pour garder Jésus, ayant vu le tremblement de terre et tout ce qui se passait, furent saisis d'une grande crainte et dirent : Cet homme était vraiment Fils de Dieu !

Souvent on arrivait au Calvaire à 5 h. du matin, et il fallait attendre 2 ou 3 heures avant de monter à l'autel. Chacun, en effet, avait à cœur d'y dire la messe et, naturellement, les premiers arrivés passaient les premiers. Mais, quand dans ce demi-jour qui y règne presque toujours, on repassait, dans le silence du recueillement et de la méditation, les scènes qui s'y étaient accomplies autrefois, de quels sentiments n'était-on pas saisi ? Parfois on croyait entendre les cris de la multitude furieuse, délirante, qui accompagnait le Sauveur et demandait sa mort ; les clameurs des soldats, les coups de marteau des bourreaux attachant la sainte victime, les railleries des pharisiens, les plaintes de Jésus : « J'ai soif !.. O mon Dieu, pourquoi m'avez-vous abandonné? » On sentait la terre trembler, on voyait les ténèbres envelopper le monde ; et quand on ouvrait les yeux, on était presque effrayé de cette demi-lumière qui vous environnait, de ce silence où l'on n'entendait que la voix du prêtre à l'autel et le bruit sourd des pas des pèlerins venant recevoir la sainte communion. D'autres fois, on voyait rouler la pierre du sépulcre, les soldats culbutés les uns sur les autres, et l'ange au visage fulgurant annoncer aux saintes femmes la résurrection du divin crucifié.

A 25 mètres environ du lieu du crucifiement, se trouve, au bas du Calvaire, la chapelle souterraine de l'Invention de la sainte Croix. Cette chapelle, qui n'a qu'un autel, n'était au temps de la Passion qu'une citerne abandonnée, creusée dans le roc. Quand Jésus fut déposé dans le tombeau, tous les instruments qui avaient servi à son supplice et à celui des deux larrons, furent jetés pêle-mêle dans cette citerne hors d'usage. Par la suite, toutes sortes de débris y furent accumulés et la comblèrent complètement. Mais, quand sainte Hélène vint reconnaître et restaurer les saints lieux, elle fit pratiquer des fouilles et on retrouva d'abord les divers instruments du supplice, ensuite les trois croix, sans que rien indiquât celle de Jésus-Christ. L'Evêque de Jérusalem, saint Macaire, ordonna des prières publiques et demanda à Dieu de vouloir bien faire connaître par un miracle la croix du Sauveur. Or, il y avait alors, à Jérusalem, une femme malade et réduite à l'extrémité. On lui appliqua successivement les trois croix. Les deux premières ne produisirent aucun résultat, mais, au contact de la troisième, elle fut subitement guérie. Dieu avait parlé, la vraie croix était connue. Le même jour, on appliqua de même les trois croix sur un cadavre qu'on portait en terre ; les deux premières n'eurent aucun effet, mais au contact de la troisième le mort ressuscita. Ce double miracle ne laissa aucun doute sur l'authenticité de la croix du Sauveur.

Tout près du saint sépulcre, un petit autel, adossé au mur, marque l'endroit où Jésus apparut à Marie-Madeleine sous la figure d'un jardinier.

Malgré les minutieuses précautions des Juifs pour empêcher toute supercherie, Jésus-Christ n'en ressuscita pas moins le troisième jour comme il l'avait prédit. Il ressuscita, c'est-à-dire que son âme, qui, en quittant le corps sur la croix, était descendue annoncer aux justes, détenus dans les limbes, l'accomplissement de la rédemption, leur prochaine délivrance et leur entrée dans le ciel, vint animer le corps gisant dans le tombeau et qu'il en sortit vivant et glorieux. Au même instant, il se produisit un grand tremblement de terre, l'ange de Dieu descendit du ciel, renversa la pierre du sépulcre et s'assit dessus. Son visage était fulgurant comme l'éclair et ses vêtements blancs comme la neige. Les soldats en faction en furent tellement effrayés qu'ils devinrent semblables à des morts.

Cependant Marie-Madeleine, venue dès le matin au tombeau, vit renversée la pierre qui en fermait l'entrée, et, ne trouvant pas le corps du Sauveur, alla dire à Pierre et aux apôtres : Ils ont enlevé le corps du sépulcre et je ne sais où ils l'ont mis. Saint Pierre et saint Jean accoururent au sépulcre et trouvèrent les choses comme Marie avait dit. Après avoir tout examiné, ils s'en retournèrent. Madeleine qui les avait accompagnés, resta aux environs du sépulcre toute désolée et pleurant. — Pourquoi pleurez-vous ? dit Jésus. Marie se retourna, vit un homme qu'elle prit pour le jardinier et lui dit : Si c'est vous qui l'avez enlevé, dites-moi où vous l'avez mis et je l'emporterai. Jésus lui dit : Marie !... A cette parole, à cet accent, Marie reconnut la voix du Maître et, toute joyeuse, elle lui dit : Rabboni ! Maître ! et se précipita pour adorer ses pieds sacrés. Ne me touchez pas, dit Jésus... et Marie-Madeleine vint dire aux disciples : J'ai vu le Seigneur et voici ce qu'il m'a dit. (Ev. St Jean, ch. XIX.)

Au-dessous du Calvaire, se trouve l'étroite et sombre chapelle d'Adam, ainsi appelée, parce que, d'après une tradition hébraïque, c'est là que fut déposé le chef du premier homme. En entrant dans l'Arche, dit-on, Noé prit avec lui les restes mortels d'Adam et les garda religieusement tout le temps du déluge. Plus tard, il les partagea entre ses trois fils, comme le plus précieux héritage qu'il pouvait leur laisser. A Sem, l'aîné de la famille, échut le chef du premier homme. Sem, qui n'est, vraisemblablement, pas autre que Melchisédech, apporta avec lui ce précieux trésor quand il vint fonder la ville de Salem, et le déposa dans cette grotte. De sorte que le sang rédempteur tomba de la croix, par la fente du rocher produite par le tremblement de terre, sur la première tête coupable. Ainsi s'explique la pratique de mettre au pied de la croix, un crâne et des ossements humains. Cette grotte, également sépulcre de Sem ou Melchisédech, fut transformée en chapelle par les Croisés pour y inhumer les premiers rois latins de Jérusalem.

Mais comment, dira-t-on, peut-on être assuré de l'authenticité de ces lieux vénérables ? N'est-on pas l'objet de l'illusion, la victime d'une erreur topographique ?

Nullement, car, depuis la mort du Sauveur, le Golgotha ou Calvaire fut en grande vénération parmi les chrétiens. La Sainte Vierge, les apôtres, les disciples allaient souvent y prier, ainsi qu'aux autres lieux sanctifiés par quelques circonstances de la vie et de la passion de Jésus-Christ. Jusqu'à la mort de saint Siméon, en 107, successeur de saint Jacques le mineur, comme évêque de Jérusalem, les lieux saints furent très fréquentés et connus de tout le monde. Or, pour empêcher ces pieux pèlerinages, l'empereur Adrien, en 136, consacra ces lieux bénis au culte des idoles ; il érigea au saint Sépulcre une statue à Jupiter, et une à Vénus sur le Calvaire. C'était une mesure habile pour éloigner les chrétiens, mais c'était un moyen infaillible aussi de marquer la place de ces lieux vénérés, d'en empêcher la transformation et d'en perpétuer le souvenir. Sainte Hélène, à son arrivée, renversa l'autel des idoles, déblaya le terrain, et le Calvaire et le saint Sépulcre se montrèrent dans l'état où les avaient dépeints les récits des anciens.

Mosquée d'Omar. Le monument le plus important de Jérusalem, après la basilique de la Résurrection, c'est la Mosquée d'Omar (1), qui occupe l'emplacement du temple de Salomon (2), reconstruit par Zorobabel (3). Elle s'élève là où était le Saint des saints et renferme dans son enceinte le rocher de Moriah, sur lequel l'Arche d'Alliance reposa 406 ans, jusqu'à la destruction du temple par Nabuchodonosor (4). Cette Mosquée, dont peu d'édifices ont atteint, à un si haut degré, l'élégance, la richesse et la grandeur, se fait surtout remarquer par ses belles proportions et sa riche décoration. C'est un octogone régulier aux larges dimensions, divisé à l'intérieur en deux parties par un double rang de colonnes circulaires. La partie la plus centrale est fermée par une grille qui court de pilier en pilier et contient le rocher dont j'ai parlé, protégé encore par une balustrade en bois, finement travaillée. Ce rocher est élevé d'un mètre environ au-dessus du pavement et peut avoir 10 mètres sur chaque face. Sur les parois intérieures de la Mosquée, les versets du Coran, gravés en lettres d'or, s'étalent sous de gracieuses arabesques, qui courent sur les riches panneaux du pourtour, au milieu des sculptures et des peintures, où l'or se mêle avec beaucoup d'art et de goût. La Mosquée est surmontée d'une coupole large et majestueuse, qui porte bien haut dans les airs un croissant doré. La Mosquée est sainte et, pour y pénétrer, il faut se déchausser. On peut garder son chapeau sur sa tête, mais il faut ôter ses souliers ; mes pantoufles

(1) Un des plus rapides guerriers qui aient désolé la terre ; fut le second calife (souverain) des musulmans après Mahomet, 634 de Jésus-Christ. Vainqueur des Perses et de l'Egypte, il marcha sur Jérusalem et s'en empara en 638, après un siège de deux ans. Il mourut à Jérusalem, assassiné par un esclave persan, en 644.

(2) Fils du roi David et de Bethsabée ; il construisit le temple de Jérusalem et fut le plus sage et le plus glorieux de tous les rois de l'univers.

(3) Neveu du roi juif Joakim ; emmené en captivité à Babylone par Nabuchodonosor, il fut chargé par Cyrus de ramener les Juifs dans leur pays et obtint du même monarque l'autorisation de reconstruire le temple.

(4) Roi de Babylone, vainqueur des Juifs ; Cyrus fut un de ses successeurs.

cependant ont eu le privilège de fouler impunément ce sanctuaire vénérable.

Ce qui m'intéressait là, ce n'était ni le puits des âmes, ni la fable du rocher, s'élevant de terre, pour suivre au ciel El-Borack, la fameuse jument de Mahomet, ni le reliquaire qui renferme deux des poils de la barbe du prophète, mais les souvenirs d'Abraham, de David et du temple de Salomon. « Prends Isaac, ton fils unique et bien-aimé, dit un jour Dieu à Abraham (1), et va l'immoler à ma gloire sur la montagne que je te désignerai. Abraham partit avec Isaac. Abraham portait le glaive pour immoler la victime et le feu pour embraser l'autel ; Isaac portait le bois. Chemin faisant, Isaac dit à son père : Nous allons offrir un sacrifice à Dieu : je vois bien le glaive et le feu, mais la victime, où est-elle ? — Dieu y pourvoira, répondit Abraham. » Arrivés au lieu marqué, Abraham dressa un autel et organisa le bûcher ; puis, ayant lié son fils, il le plaça sur l'autel, et allait le frapper, quand, du haut du ciel, un ange lui cria : Abraham, Abraham, ne fais pas de mal à l'enfant. Je vois maintenant que tu aimes vraiment Dieu, puisque, pour lui, tu n'aurais pas épargné ton fils. Abraham se retourna et, voyant un bélier dont les cornes étaient prises dans un buisson d'épines, il le prit et l'immola à la place de son fils. (Gen., ch. XXII.) Cette montagne était le Moriah. — Pour punir l'orgueil de David (2), qui l'avait poussé à faire le dénombrement de son peuple, Dieu envoya la peste, qui fit mourir 70.000 hommes en Israël, et l'ange de Dieu menaçait Jérusalem, jusque-là épargnée. Mais les larmes, les prières et la pénitence de David touchèrent le cœur de Dieu. De la part du Seigneur, le prophète Gad vint dire à David de dresser un autel et d'offrir un sacrifice dans l'aire d'Ornan le Jébuséen. David obéit, et le fléau cessa. Alors David, éclairé par l'Esprit de Dieu, dit : C'est ici que la maison de Dieu sera bâtie ; c'est là que sera placé l'autel où Israël offrira ses holocaustes. Cette aire d'Ornan était sur le mont Moriah (I des Paral., ch. XXI et XXII.) — C'est là enfin que Salomon bâtit ce temple, si célèbre dans tout l'univers.

Là, sur place, on se fait une juste idée de ce qu'était ce temple. L'esplanade, enfermée dans de hautes et puissantes murailles, isolée de la ville et fermée par des portes solides, a 500 mètres de long et 400 de large. Le Saint des saints seul était couvert d'un

(1) Le premier et le plus grand des patriarches du peuple de Dieu, surnommé le Père des croyants. Il naquit à Ur, en Chaldée, 2.000 ans avant Jésus-Christ. Sur l'ordre de Dieu, il quitta son pays et vint s'établir dans la terre de Chanaan avec Sara, son épouse, et Loth, son neveu. Il mourut à l'âge de 175 ans.

(2) David succéda à Saül comme roi des Juifs. Il est l'auteur des psaumes que l'Eglise chante dans ses solennités.

toit et entouré de murs revêtus à l'intérieur de lambris en bois de cèdre et de lames d'or. Les parvis étaient de vastes cours à ciel ouvert et entourées de galeries voûtées pour s'abriter contre la pluie et les rayons du soleil. Le parvis le plus rapproché des murs d'enceinte était le parvis ou temple des Gentils, où tous les peuples de la terre pouvaient venir adorer le vrai Dieu. Le second parvis, élevé de quelques marches au-dessus du premier, était le parvis ou temple d'Israël, où les Juifs purifiés venaient adorer. Enfin, plus rapproché du Saint des saints, était le parvis ou temple des Prêtres, où ils exerçaient les principales fonctions de leur saint ministère. Là, se trouvait la mer d'airain, pour les purifications des prêtres, l'autel des holocaustes et le siège d'où le roi assistait aux sacrifices et aux prières publiques. Le Saint des saints renfermait l'Arche d'Alliance contenant les Tables de la Loi, la verge d'Aaron, un vase rempli de manne et le Propitiatoire surmonté des chérubins. C'était dans le parvis ou temple d'Israël que Jésus instruisait le peuple ; qu'il fut retrouvé à l'âge de 12 ans ; qu'il pardonna à la femme adultère. « Les scribes et les pharisiens lui amenèrent un jour une femme surprise en adultère et, la faisant tenir debout au milieu du peuple, ils lui dirent : Maître, cette femme vient d'être surprise en adultère. Moïse ordonne de lapider les adultères. Quel est donc votre sentiment à ce sujet ? Ils lui posaient cette question pour le tenter, espérant trouver dans sa réponse de quoi l'accuser et le perdre. Mais Jésus se baissa et écrivit avec son doigt sur la terre. Et, comme ils continuaient à l'interroger, il se redressa et leur dit : Que celui d'entre vous qui est sans péché lui jette la première pierre, et il se remit à écrire. A cette réponse, tous se retirèrent l'un après l'autre, les vieillards les premiers, de sorte que Jésus resta seul avec cette femme au milieu de la place. Alors, se relevant, il dit à la femme : Où sont donc vos accusateurs ? Est-ce que personne ne vous a condamnée ? — Personne, répondit-elle. — Eh bien ! dit Jésus, je ne vous condamnerai pas non plus. Allez et désormais ne péchez plus. (Ev. St Jean, ch. VIII.) — Là aussi était le tronc où les fidèles déposaient leurs offrandes pour l'entretien du temple. Les gens riches y mettaient des pièces de grande valeur. Or, vint une pauvre veuve qui y mit deux petites pièces de la valeur d'un liard. Jésus, qui avait tout observé, dit à ses disciples : Je vous le dis en vérité, cette pauvre veuve a plus donné que tous les autres : ceux-ci, en effet, ont donné de leur abondance, de leur superflu ; celle-là, au contraire, a donné de son indigence même, elle a donné ce qui lui restait pour vivre. » (Ev. St Marc, ch. XII.)

Là aussi se passa autrefois un fait qui mérite d'être rapporté. Séleucus, roi de Syrie, ayant appris que le temple de Jérusalem regorgeait d'argent non destiné aux sacrifices et qu'il pourrait se l'approprier, chargea Héliodore, un de ses généraux, de s'emparer de cet argent et de le lui remettre. Malgré les supplications du grand-prêtre Onias, Héliodore s'avança dans le temple pour forcer les portes du trésor et exécuter les ordres qu'il avait reçus. Mais, voici que ses aides furent subitement renversés par une force divine et tellement saisis de frayeur qu'ils étaient hors d'eux-mêmes. Ils voyaient en effet un cheval, monté par un cavalier richement vêtu et portant des armes d'or. Ce cheval, s'avançant sur Héliodore, le frappa, à plusieurs reprises, de ses pieds de devant. En même temps, deux autres hommes, pleins de force et de beauté, se tenant aux côtés d'Héliodore, le fouettaient sans relâche. Héliodore tomba à terre enveloppé d'obscurité et de ténèbres. On le sortit du temple sur une chaise à porteurs, et il était réduit à se tenir couché sans pouvoir parler et près d'expirer. Il ne dut son salut qu'aux prières d'Onias. (II. Mach., ch. III.)

C'est là aussi qu'un jour les Juifs voulurent lapider Jésus comme blasphémateur. Pourquoi, lui disaient-ils, nous laissez-vous toujours indécis ? Si vous êtes le Christ, dites-nous le donc franchement. Jésus leur répondit : Je vous parle, et vous ne me croyez pas; cependant les œuvres que je fais au nom de mon Père rendent témoignage en ma faveur. Vous ne me croyez pas, parce que vous n'êtes pas de mes brebis. Mes brebis entendent ma voix ; je les connais et elles me connaissent ; je leur donne la vie éternelle et elles ne périront jamais. Nul ne les ravira d'entre mes mains. Ce que mon Père m'a donné est plus grand que toutes choses. Mon Père et moi nous ne sommes qu'un. A ces paroles, les Juifs prirent des pierres pour le lapider. Jésus leur dit : J'ai fait plusieurs bonnes œuvres par la puissance de mon Père, pour laquelle voulez-vous me lapider ? — Ce n'est pas pour vos bonnes œuvres que nous vous lapidons, dirent les Juifs, mais parce que, n'étant qu'un homme, vous vous faites Dieu. — Jésus répartit : N'est-il pas écrit dans la loi : J'ai dit : vous êtes des dieux? Si donc l'Ecriture appelle dieux ceux à qui la parole de Dieu est adressée, comment osez-vous dire que je blasphème, moi que mon Père a sanctifié et envoyé dans le monde, parce que j'ai dit : je suis Fils de Dieu ? » (Ev. St Jean, ch. X.)

C'est là enfin qu'il prédit la destruction du temple. « Un jour qu'il sortait du temple, ses disciples s'approchèrent et lui firent remarquer la structure et la grandeur de cet édifice ; mais il leur dit : « Contemplez, admirez tous ces bâtiments : je vous le dis en vérité, ils seront tellement détruits, qu'il n'y demeurera pas pierre sur pierre. » (Ev. St Math., ch. XXIV.)

A peu de distance de la Mosquée d'Omar se trouve la Mosquée d'El-Aksa, située sur l'emplacement de l'église de la Présentation de la Très Sainte Vierge, bâtie par l'empereur Justinien. Omar vint prier dans cette église et il ordonna qu'à l'avenir, elle serait dédiée au culte du Dieu de l'Islam, sous le nom d'El-Aksa. C'est à cet endroit, dit la tradition, que la Sainte Vierge, pendant son séjour au temple, habita avec la prophétesse Anne, fille de Phanuel. C'est là encore que l'admirable Mère de Dieu vint offrir le divin Enfant et que le vieillard Siméon chanta son *Nunc dimittis* et annonça à Marie qu'un glaive de douleur transpercerait son âme. « Quand les jours de la purification furent accomplis, Marie et Joseph portèrent l'enfant à Jérusalem pour l'offrir dans le temple. Or, il y avait à Jérusalem un homme juste et craignant Dieu, nommé Siméon. Il vivait dans l'attente de la consolation d'Israël, et le Saint-Esprit lui avait révélé qu'il ne mourrait pas avant d'avoir vu le Christ du Seigneur. Inspiré par l'esprit de Dieu, il vint au temple au moment où le père et la mère de l'Enfant Jésus l'y portaient pour accomplir la loi. Siméon prit l'Enfant dans ses bras et bénit Dieu en disant : Maintenant, Seigneur, laissez mourir en paix votre serviteur, selon votre parole, puisque mes yeux ont vu le Sauveur que vous nous donnez et que vous destinez pour être exposé à la vue de tous les peuples, comme la lumière qui éclairera les nations et la gloire de votre peuple d'Israël. Marie et Joseph étaient dans l'admiration de ce qu'on disait de l'Enfant. Siméon les bénit et dit à Marie : Cet Enfant est né pour la ruine et pour la résurrection de plusieurs en Israël ; il sera en butte à la contradiction des hommes, et votre âme sera percée comme par une épée, afin que les pensées cachées dans le cœur de plusieurs soient découvertes. (Ev. St Luc, ch. II.)

La tradition rapporte aussi que le vieillard Siméon offrit à la sainte Famille une hospitalité qui fut acceptée. De là le nom de Berceau de Jésus donné à une partie de cette habitation. Une niche en pierre du pays, sculptée en forme de coquille à sa partie supérieure et couchée horizontalement sous un dais supporté par quatre colonnettes en marbre blanc, passe aux yeux des musulmans pour le véritable berceau de Jésus.

L'an 70 de l'ère chrétienne, Titus, fils de l'empereur romain, prit Jérusalem et brûla le temple; tout fut détruit, selon la parole de Jésus. L'empereur Adrien, en 134, éleva un temple à Jupiter sur l'emplacement du temple de Jéhovah, et les Juifs, chassés de Jérusalem, n'obtinrent qu'à prix d'argent l'autorisation de venir, une fois par an, pleurer sur les ruines du temple. L'an 361, Julien l'apostat (1) voulut faire mentir la parole de Jésus et entreprit de rebâtir le temple. Mais, à peine eut-on creusé les fondations que des flammes, sortant tout à coup de terre et poursuivant les ouvriers, apprirent à l'empereur que rien ne peut s'opposer à la volonté divine et que c'est en vain que les hommes cherchent

(1) Empereur romain, ainsi appelé parce qu'il renonça à la foi de son baptême.

à infirmer ses oracles. Le ciel et la terre passeront, mais la parole de Dieu ne passera pas.

Avant de quitter ces lieux, je m'arrêtai à l'extrémité de l'esplanade et, jetant un dernier regard sur l'endroit où avait été le temple, je rappelai mes souvenirs et je fus étrangement impressionné par les événements qui s'étaient accomplis sur ce coin de terre. Je me représentai la splendide dédicace du temple par Salomon et la gloire de Dieu, en forme de nuée, enveloppant tout l'édifice. Je croyais voir le roi à genoux devant l'autel et tout le peuple répondant à ses vœux et faisant à Dieu les plus magnifiques protestations de fidélité. Puis, venaient les fautes des rois, les impiétés du peuple, et, en punition de ces crimes, les armées babyloniennes, le temple ravagé, détruit ; et, au milieu du silence de tout ce peuple en captivité, j'entendais les lamentations de Jérémie comme les gémissements d'une nation à l'agonie. Puis, je percevais comme le bruit lointain d'une multitude en marche : le temple sortait de ses ruines, le feu sacré dévorait de nouveau l'holocauste, l'encens brûlait devant le Saint des saints, et des cantiques d'allégresse, des psaumes et des hymnes retentissaient de nouveau à la gloire de Jéhovah (1). Jésus-Christ apparaissait enfin, et de sa personne divine s'échappait une lumière qui éclairait tout et qui donnait à tout sa véritable signification. Mais le Messie si désiré était méconnu et traîné au supplice. A sa mort, le voile du temple se déchire et expose aux yeux des profanes les redoutables mystères : c'est la fin du culte mosaïque. Puis, la terre tremble sous le poids des multitudes qui s'avancent de l'Occident ; le sol résonne sous les pieds des chevaux. C'est Titus qui accourt avec ses légions. La ville est saccagée, le temple réduit en cendres, Israël dispersé, sans pouvoir se réunir nulle part, et le Turc occupe la cité de David, et Mahomet reçoit les hommages de ses sectateurs, là où Dieu avait ses autels et son temple. Quelles leçons ! et quels sujets de méditation !

En face de l'esplanade de l'ancien temple, à gauche en descendant à la porte Saint-Etienne, se trouve l'église de Sainte-Anne, bâtie sur l'emplacement de la maison de saint Joachim et de sainte Anne, père et mère de la Très Sainte Vierge. Cette église, assez vaste et récemment restaurée, est sobre d'ornementation ; elle est simple, même quelque peu sévère. Le portail bien sculpté tranche avec le reste de l'édifice. Cette église était soumise à la juridiction du cardinal Lavigerie et desservie par les Pères Blancs d'Afrique, qui tiennent une école et un séminaire. C'est dans cette église que se trouve la grotte de l'Immaculée-

(1) C'est le retour de la Captivité après l'édit de Cyrus et la reconstruction du temple par Zorobabel.

Conception et de la Nativité de la Sainte Vierge, où, le 15 mai, j'ai eu le bonheur de dire la sainte messe.

Les Pères, dont la plupart sont français, nous offrent un frugal, mais cordial déjeûner ; ils sont contents de voir des compatriotes et de causer un peu du pays.

Dans la propriété de sainte Anne, on voit les ruines de la piscine probatique, où Jésus guérit le paralytique, malade depuis 38 ans. « Il y avait à Jérusalem, dit l'Evangile (St Jean, ch. V)), une piscine probatique, appelée Bethsaïda, ayant cinq portiques, Là, gisait une grande multitude de malades, des aveugles, des boiteux, des paralytiques, qui attendaient le mouvement de l'eau : à certains moments, l'Ange du Seigneur descendait dans la piscine et l'eau s'agitait, et le premier malade qui descendait dans la piscine, après le mouvement de l'eau, était guéri, quelle que fût sa maladie. Or, il y avait là un homme malade depuis 38 ans. En le voyant, Jésus lui dit : Voulez-vous être guéri ? Hélas ! dit le malade, je n'ai personne qui me plonge dans la piscine quand l'eau est agitée et, avant que j'aie pu y arriver moi-même, un autre y est descendu. Jésus lui dit : Levez-vous, prenez votre grabat et marchez. Et aussitôt cet homme fut guéri, il prit son grabat et se mit à marcher. » Il ne reste plus de cette célèbre piscine qu'un large et profond fossé, comblé aux trois quarts et couvert en partie de broussailles de toutes sortes.

Dans les mêmes quartiers, on visite l'emplacement de la maison de Simon le pharisien, où Marie-Madeleine oignit pour la première fois Notre-Seigneur Jésus-Christ. « Un des pharisiens invita Jésus à manger chez lui ; Jésus entra dans la maison et se mit à table. Or, voici qu'une femme connue dans la ville pour sa vie dissolue, vint chez le pharisien avec un vase d'albâtre plein d'huile de parfum et, se tenant debout derrière Jésus, elle commença à arroser ses pieds de ses larmes, puis elle les essuya avec ses cheveux, les baisa et y répandit le parfum. A cette vue, le pharisien qui avait invité Jésus, disait en lui-même : Si vraiment cet homme était prophète, il saurait que celle qui le touche est une femme de mauvaise vie et il ne souffrirait pas ces choses. Jésus, qui voulait l'éclairer, lui dit : Si un créancier remet cent deniers à un de ses débiteurs et cinquante à l'autre, lequel des deux l'aimera davantage ? Celui, dit Simon, à qui il aura remis la plus forte somme. Très bien, dit Jésus, et se tournant vers la femme, il dit à Simon : Voyez cette femme. Quand je suis entré chez vous, vous ne m'avez pas donné d'eau pour me laver les pieds ; elle, au contraire, les a arrosés de ses larmes et les a essuyés avec ses cheveux ; vous ne m'avez pas donné le baiser d'amitié, et elle, depuis qu'elle est ici, n'a cessé d'embrasser mes pieds ; vous n'avez point répandu d'huile sur ma tête, et elle a répandu ses parfums sur mes pieds. Aussi je vous déclare que parce qu'elle a beaucoup aimé, beaucoup de péchés lui seront remis. Puis il dit à cette femme : Vos péchés vous sont remis. Et les témoins de cette scène disaient : Quel est celui-ci qui prétend remettre les péchés ? Jésus dit encore à cette femme : Votre foi vous a sauvée, allez en paix. » (Ev. St Luc, ch. VII.) — En pénétrant dans la propriété, on se trouve au milieu des ouvrages d'un potier et bientôt au milieu des ruines d'une ancienne église, et une pierre marquée d'une croix indique la place qu'occupait Jésus quand Madeleine versa sur lui son parfum.

Mont Sion. — Au sud-ouest de la ville et aujourd'hui, en dehors des murs, se trouve le Mont Sion que David prit sur les Jébuséens et où il fixa sa résidence, ce qui le fit appeler la Cité de David. David fortifia encore la citadelle déjà si redoutable des Jébuséens, et elle prit le nom de Tour de David. C'est de là que David vit Bethsabée, qu'il épousa, après avoir fait périr Urie, son époux. Bethsabée devint mère de Salomon. C'est là aussi que David pleura son double crime : son adultère et son homicide; là, qu'il fit pénitence dans les larmes et les jeûnes et qu'il composa la plupart de ces psaumes sublimes qui exaltent tout à la fois les justices et les miséricordes de Dieu, psaumes immortels que l'Eglise a adoptés dans sa liturgie et qu'elle chante dans les fêtes et les cérémonies publiques. Le Mont Sion est presque désert ; des cimetières et des ruines en occupent la plus grande partie. Il n'y a guère debout que les bâtiments du Cénacle et du tombeau de David.

Le Cénacle est le lieu où fut instituée la divine Eucharistie et fondé le sacerdoce chrétien. Quel lieu plus saint au monde et plus cher au cœur du prêtre ? C'est au Cénacle que Jésus-Christ fit la dernière cêne, qu'il annonça à ses apôtres que l'un d'entre eux le trahirait, et à saint Pierre que, malgré ses protestations de fidélité, il le renoncerait trois fois cette nuit-là même. « Le jour des azymes étant arrivé, Jésus envoya Pierre et Jean préparer ce qui était nécessaire pour manger la Pâque. En entrant dans la ville, leur dit-il, vous rencontrerez un homme portant une amphore remplie d'eau ; suivez-le, et dites au maître de la maison où il entrera : Où est la salle que vous nous réservez pour faire la Pâque avec le Maître ? et il vous montrera un grand cénacle, approprié à cet effet et convenablement orné. Préparez là ce qu'il faut. Mais déjà Satan s'était emparé de l'âme de Judas. Judas étant donc allé trouver les princes des prêtres occupés à délibérer sur la manière dont ils pourraient se rendre maîtres de Jésus, leur promit de le leur livrer moyennant 30 pièces d'argent. Or, le soir étant venu, Jésus se mit à table avec ses disciples, et pendant qu'ils mangeaient l'agneau pascal, Jésus leur dit : Je vous le dis en vérité, un de vous me trahira. Cette parole les ayant fort attristés, chacun d'eux se mit à dire : Est-ce moi, Seigneur ? Il leur répondit : Celui qui met la main avec moi dans le plat me trahira. Malheur à celui par qui le Fils de l'homme sera trahi. Il eût mieux valu pour lui qu'il ne fût jamais né. Judas lui dit : Est-ce moi, Seigneur ? Il lui répondit : Tu l'as dit ! Puis, Jésus, prenant du pain, le bénit, le rompit et le leur donna en disant : Prenez et mangez : CECI EST MON CORPS. Prenant ensuite du vin, il le bénit et leur dit : Buvez-en tous : CECI EST MON SANG, le sang de la nouvelle alliance, qui sera répandu pour vous et pour plusieurs, en rémission des péchés. Presque aussitôt, Judas se leva de table, quitta la salle et se rendit près du Prince des prêtres pour accomplir son funeste dessein. Jésus disait aux autres : Je vous serai, cette nuit, un sujet de scandale ; veillez et priez pour ne point succomber à la tentation. Pierre lui dit : Quand même tous les autres vous abandonneraient, moi, je ne vous abandonnerai point ! je suis prêt à mourir avec vous, s'il le faut ! — Cette nuit même, répartit Jésus, avant que le coq ait chanté deux fois, tu m'auras renié trois fois. »

Mais, dans ce Cénacle si vénérable, berceau de l'Eglise et théâtre de tant de merveilles, ce Cénacle, où l'on aimerait tant à manifester, par des chants d'allégresse, les sentiments de reconnaissance et d'amour qui remplissent le cœur, il n'est presque pas permis de prier. Depuis le milieu du XVIe siècle, il est au pouvoir des Musulmans, et ces fanatiques, qui n'en autorisent la visite qu'à prix d'argent, y interdisent rigoureusement tout acte du culte catholique.

Le Cénacle est formé de deux étages ; c'est à l'étage inférieur, qu'il n'est jamais permis de visiter, que Jésus, le soir de la Cène, lava les pieds à ses Apôtres. « Ayant déposé ses vêtements, il prit un linge et s'en ceignit les reins. Ensuite il versa de l'eau dans un bassin et commença à laver les pieds de ses disciples, et il les essuya avec le linge dont il était ceint. Saint Pierre lui dit : Quoi, Seigneur ! Vous !... me laver les pieds ! Non ! je ne souffrirai pas cet abaissement de votre part ! Jésus lui dit : Si je ne te lave les pieds, tu n'auras pas de part avec moi. Alors, dit Simon, lavez-moi non seulement les pieds, mais encore les mains et la tête. » (Ev. St Jean, ch. XIII.)

L'étage supérieur se divise en deux parties : la salle de l'institution de l'Eucharistie, qui peut avoir 14 mètres de long sur 9 de large. Elle est divisée dans sa longueur en deux nefs par des piliers ; elle est absolument vide, rien n'y rappelle les grandes scènes qui s'y sont passées autrefois. Nous nous agenouillons sur le pavé et nous récitons à voix basse le *Veni, Creator*. L'autre partie est le tombeau de David, en grande vénération parmi les Musulmans. Bien que David ait été enterré sur le mont Sion et probablement dans les environs du Cénacle, on ne peut néanmoins affirmer que ce soit là son véritable tombeau.

A peu de distance du Cénacle se trouve, au nord, l'emplacement de la maison de Caïphe, le Grand-Prêtre. A gauche de la porte d'entrée, une petite chapelle est élevée sur le lieu où les Scribes et les Anciens du peuple cherchaient un faux témoignage qui donnât quelque apparence de légitimité à leur conduite et leur permît de livrer Jésus à la mort sans violer trop ouvertement la justice. Mais ils n'en trouvaient pas, car rien de ce qu'on déposait n'était vraisemblable et ne concordait. Enfin, pour en finir, le Grand-Prêtre lui dit : Je vous adjure par le Dieu vivant de nous dire si vous êtes le Christ, Fils de Dieu. — Vous l'avez dit, répondit Jésus, et je vous déclare qu'un jour vous verrez le Fils de l'Homme assis à la droite de la Majesté divine descendre sur la terre, appuyé sur les nuées du ciel. — A ces mots, le Grand-Prêtre, feignant l'indignation et un zèle qu'il était loin d'avoir pour la gloire de Dieu, déchira ses vêtements en s'écriant : Il a blasphémé. Nous n'avons plus besoin de témoins ! Vous avez entendu son blasphème : quel jugement portez-vous ? Tous répondirent : Il mérite la mort !

Dans cette église, on montre le réduit qui servit de prison à Jésus pour le reste de la nuit. La table d'autel de cette église est formée par la pierre qui fermait l'entrée du Sépulcre pendant que Jésus était au tombeau.

C'est dans cette cour aussi que saint Pierre renia son Maître. Après l'arrestation de Jésus, au jardin des Oliviers, saint Pierre, curieux de savoir comment les choses tourneraient, avait pu s'introduire dans l'intérieur de l'habitation. A cause du froid de la nuit et de la lenteur de l'interrogatoire, les serviteurs du Grand-Prêtre avaient allumé du feu dans la cour et se chauffaient. Pierre s'approcha et se chauffait avec eux, quand une servante lui dit : Vous étiez aussi avec Jésus de Galilée ? Mais il le nia en disant devant tout le monde : Je ne sais ce que vous dites. Et comme il sortait pour entrer dans le vestibule, une autre servante dit à ceux qui étaient là : Celui-ci était aussi avec Jésus de Nazareth. Pierre le nia une seconde fois en disant avec serment : Je ne connais point cet homme. Peu après, ceux qui étaient présents, s'approchant de Pierre, lui dirent : Vous êtes certainement de ces gens-là, car votre langage vous fait assez connaître. Pierre alors se mit à faire toute espèce de serments, jurant qu'il ne connaissait absolument pas cet homme, et aussitôt le coq chanta, et Jésus, en passant, jeta sur Pierre un regard de compassion. Pierre se rappela alors la parole de Jésus : Avant que le coq chante, tu me renonceras trois fois. Touché de repentir, il sortit dehors et pleura amèrement. Sur le versant oriental du mont Sion, se trouve la grotte du repentir de saint

Pierre. (Luc, ch. XXII.) Autrefois, une église avait été bâtie sur cette grotte, mais elle a été détruite et depuis longtemps on ne voit que la grotte toute seule.

Parmi les ruines qui couvrent le mont Sion, on remarque celles de la maison qu'habita la Sainte Vierge après l'Ascension et où elle mourut. Il y a quelques années, l'Empereur d'Allemagne, Guillaume II, acheta cette propriété et en fit un établissement pour les pèlerins protestants de son empire. A quelques pas de là, on montre l'endroit où les Juifs arrêtèrent le convoi funèbre de la Sainte Vierge et voulurent s'emparer de sa dépouille mortelle. Mais un miracle punit ces sacrilèges, qui rentrèrent en eux-mêmes et qui, sans plus tarder, se firent baptiser.

Voie douloureuse. — « Le matin étant arrivé, les Princes des prêtres et les Anciens du peuple conduisirent Jésus tout garrotté à Pilate, Gouverneur de la Judée pour le compte des Romains, afin d'obtenir de lui une sentence de mort. Mais, pour ne pas contracter quelque souillure légale, ils n'entrèrent pas dans le prétoire et se tinrent dans la cour ou place publique, appelée en grec : *Lithostrotos*, en hébreu, *Gabbatha*, où Pilate vint leur rendre compte de son interrogatoire et où, pour plus de commodité, il érigea son tribunal. Pilate demanda à Jésus s'il était vraiment le Roi des Juifs. Je le suis en effet, répondit Jésus ; mais il ne répondit rien à toutes les accusations que ses ennemis portaient contre lui. Ce silence persistant de Jésus, cette indifférence à l'égard des charges dont on l'accablait, le titre de roi qu'on lui donnait et qu'il reconnaissait lui-même, jetaient Pilate dans une grande perplexité. Connaissant la jalousie et la haine des Juifs contre Jésus, remarquant le peu de sérieux de leurs accusations et par conséquent l'innocence de l'accusé, il aurait voulu le délivrer. Mais, dans la crainte que les Juifs, mécontents de son jugement, fissent, en haut lieu, des rapports compromettants pour sa position, il n'osa se déclarer franchement et chercha, mais en vain, des moyens de calmer la fureur des Juifs et de ne pas offenser sa conscience. Ayant donc appris que Jésus était Galiléen et soumis à la juridiction d'Hérode (1), qui, par hasard, se trouvait alors à Jérusalem, il le lui envoya, espérant qu'Hérode trancherait l'affaire et qu'il n'aurait pas, lui Pilate, à se prononcer. Mais Hérode, mécontent de Jésus, qui refusa de satisfaire sa vaine curiosité en faisant quelques prodiges pour divertir sa cour, se contenta de le mépriser. Il le fit revêtir d'une robe blanche, signe de folie, et le renvoya à Pilate. Cet Hérode était Tétrarque de la Galilée ; c'est lui qui

(1) Hérode Antipas, dont il a été déjà question, page 40.

avait fait trancher la tête à saint Jean-Baptiste, dans les circonstances que nous avons rapportées plus haut. Il ne reste plus rien aujourd'hui du palais d'Hérode, pas même des ruines.

Pilate, qui avait coutume, chaque année, à la fête de Pâques, de rendre la liberté à un prisonnier désigné par le peuple, leur proposa de choisir entre Barabbas et Jésus. Barabbas était un criminel qui avait commis un homicide dans une sédition. Le peuple, excité par les Princes des prêtres et les Docteurs de la loi, demanda la liberté de Barabbas. — Que voulez-vous donc que je fasse de Jésus, dit le Gouverneur ? — Qu'il soit crucifié ! dit le peuple. — Quel mal a-t-il donc fait ? — Et le peuple de répondre : Qu'il soit crucifié ! — Mais, dit Pilate, je ne le trouve nullement coupable. Vous n'apportez contre lui aucune raison, aucun fait qui puissent le faire condamner. Pour vous satisfaire, je vais le faire flageller et ensuite je le relâcherai. Aussitôt, les soldats, se saisissant de Jésus, l'entraînèrent dans la cour du prétoire, le dépouillèrent de ses vêtements, l'attachèrent à une colonne et le flagellèrent avec une violence inouïe. La loi défendait de donner plus de 40 coups de verges de peur que le patient mourût des suites du châtiment ; mais il n'y a pas de loi pour Jésus. On frappe sans compter, on frappe sans relâche et sans pitié ; son corps est meurtri, déchiré, sanglant. Il n'est plus que plaies des pieds à la tête. Ce n'est pas tout, enchérissant sur les ordres du Gouverneur, les soldats tressent une couronne d'épines et l'enfoncent sur la tête de Jésus ; ils le couvrent d'un manteau d'écarlate, lui mettent un roseau à la main en guise de sceptre, et, fléchissant le genou devant lui, ils lui disent, en le raillant : Salut ! Roi des Juifs ! Ils l'insultent, le frappent, lui crachent au visage.

Ainsi fut accomplie cette parole du Prophète Isaïe, prononcée 6 à 700 ans auparavant : « Depuis la plante des pieds jusqu'au sommet de la tête, il n'y a pas sur son corps un endroit sans blessure. Ce n'est que meurtrissure, contusion, plaie enflammée. Nous l'avons vu dans une vision prophétique et nous ne l'avons pas reconnu. Son visage n'avait plus rien d'humain ; il ressemblait à un lépreux, à un homme frappé par la colère de Dieu, accablé d'humiliations. » (Ch. 1 et 53.) « Ce n'est plus un homme, dit David, mais un ver de terre foulé aux pieds. Il est l'opprobre des hommes et le rebut du monde. » (Ps. 21.)

Le théâtre de cette scène se trouve séparé, par une rue, de l'emplacement du prétoire de Pilate. On y pénètre par une petite porte en fer, basse et étroite. Rien n'est élégant dans ces lieux : les murs, peu élevés, paraissent relativement vieux et, sur ces murs, on lit des paroles de l'Ecriture qui se rapportent aux mystères qui se sont accomplis dans cet endroit. Il y avait là, autrefois, une très artistique chapelle, qui témoignait de la vénération des chrétiens pour ces lieux sacrés, mais, en 1618, ce sanctuaire vénéré fut enlevé à ses légitimes possesseurs et converti en écurie. La chapelle actuelle ne date que de 1838 ; elle est bâtie sur les ruines de l'ancienne. Sous la table du maître-autel, où j'ai pu dire la sainte messe, une pierre indique l'endroit où Jésus fut attaché à la colonne et où il fut flagellé. Il y a là je ne sais quoi de triste qui saisit.

Bientôt, Jésus, tout meurtri, portant sur la tête une couronne d'épines et sur les épaules un manteau d'écarlate, parut devant le Gouverneur, qui, sortant encore du prétoire, le montra au peuple et lui dit, pour l'attendrir : Voilà l'Homme ! l'homme que vous m'avez livré, et que vous craignez ! Voyez dans quel état je l'ai réduit. Peut-il encore vous porter ombrage ? Il va expirer : souffrez donc que je le laisse mourir en liberté. Mais le peuple criait de plus en plus fort : Crucifiez-le ! crucifiez-le ! — Prenez-le, dit Pilate, et crucifiez-le vous-mêmes, car moi je ne trouve rien en lui qui mérite ce châtiment ! — Notre loi, répondent-ils, nous ordonne de le mettre à mort, parce qu'il s'est dit Fils de Dieu ; mais votre loi romaine nous défend de faire mourir qui que ce soit. Si vous le délivrez, vous n'êtes pas l'ami de César, car quiconque se dit roi, se révolte contre César. — Comment, dit le Gouverneur, oserais-je crucifier votre Roi ? — Crucifiez-le ! répondirent-ils ; nous n'avons d'autre roi que César. Alors Pilate se fit apporter de l'eau et, se lavant les mains devant tout le peuple, dit : Je suis innocent du sang de ce Juste, vous en répondrez ! Et tout le peuple s'écria : Que son sang retombe sur nous et sur nos enfants ! Pilate leur abandonna alors Jésus pour être crucifié.

Une caserne turque occupe aujourd'hui l'emplacement du palais de Pilate. Ce palais était situé dans la fameuse et célèbre tour Antonia (1), à l'angle nord-ouest de l'esplanade du temple. Dans la cour de cette caserne, on montre, encastrée dans le mur à l'angle d'un bâtiment, une colonne qui marque l'endroit où se tenait Jésus pendant son interrogatoire et où il s'entendit condamner à mort. C'est la première station de la Voie douloureuse.

Quelle transformation des lieux, et quelle vicissitude des choses humaines ! Une caserne remplace un palais, des Turcs barbares ont succédé aux Romains très policés, et Pilate, esclave de la politique, sacrifiant la justice à sa position de Gouverneur, tomba bientôt en disgrâce et vint mourir, exilé, dans les Gaules ; les Juifs, qui demandaient que le sang de Jésus retombât sur eux et sur leurs enfants, sont dispersés sur toute la surface du

(1) Forteresse de Jérusalem, bâtie par Hérode-le-Grand, en l'honneur de Marc-Antoine, triumvir romain, mort l'an 31 avant Jésus-Christ.

globe ; ils n'ont plus de patrie nulle part et ils ne peuvent rentrer et séjourner à Jérusalem que selon la capricieuse volonté d'un sultan. La musique barbare et souvent discordante qu'on entend habituellement dans cette caserne, rappelle les cris sauvages de la multitude exaltée, délirante : Crucifiez-le !

O Jésus ! un timide et lâche gouverneur vous sacrifie à la faveur du peuple et à son intérêt personnel, et des Juifs ingrats vous préfèrent l'homicide Barabbas. Puissions-nous vous être toujours fidèles et réparer par là, autant que possible, tant de perfidies et de trahisons !

Dans le mur de la caserne turque, sur la rue, on remarque quelques légers vestiges de sculpture et un morceau de muraille raccordé avec le reste ; c'est comme une vaste porte qu'on aurait murée après coup. C'est la place de la *Santa Scala,* escalier que Jésus-Christ a monté et descendu plusieurs fois pour aller au prétoire, et qu'il marqua de son sang. Cet escalier fut transporté à Rome et on le vénère près de la Basilique de St-Jean-de-Latran. C'est au bas de cet escalier que Jésus fut chargé de sa croix. C'est là, dans la rue, vis-à-vis de l'emplacement de cet escalier, que se fait la IIe Station du Chemin de la Croix.

Les deux premières stations sont très rapprochées ; mais de la seconde à la troisième, il y a deux cent trente-trois mètres. D'abord le chemin monte assez rapidement ; puis, arrivé à l'arcade de l'*Ecce Homo,* il descend sensiblement et tombe dans une grande rue, qui va du nord au sud. C'est à la jonction de ces deux rues, à l'angle gauche, que se trouve la IIIe Station. Une colonne cassée et couchée contre le mur indique l'endroit où Notre-Seigneur Jésus-Christ tomba pour la première fois sous le poids de sa croix. Sur le mur de la maison, à trois mètres de haut environ, on lit, peint sur la pierre : IIIe Station. — A trente-sept mètres de là, en descendant la rue, on se trouve à la IVe Station. La Sainte Vierge, qui avait été avertie de ce qui s'était passé, et qui n'avait pu arriver au prétoire à cause de la foule qui s'y pressait, ni s'approcher de son Fils, avait pris une petite rue pour tâcher de rejoindre le sanglant cortège. C'est en débouchant de cette rue qu'elle se trouva face à face avec son divin Fils. Quelle rencontre ! Quel spectacle ! Quelle douleur pour la mère et pour le fils ! — A vingt-trois mètres plus bas, Jésus prit une rue très montante, qui se dirigeait vers l'ouest; et c'est à l'angle gauche de cette rue que se trouve la Ve Station. C'est là que les Juifs, craignant que Jésus mourût avant d'arriver au Calvaire, forcèrent Simon le Cyrénéen à porter la croix avec Jésus. Sur le mur de la maison, on lit en grosses lettres : *Via dolorosa,* Ve Station. La maison à gauche, à cheval sur la rue qu'on vient de quitter, est la maison du mauvais riche.

De la Ve à la VIe Station, il y a quatre-vingt-six mètres. Sainte Véronique, touchée de l'état lamentable où se trouvait Jésus, vint, à travers la foule des Juifs et des soldats, essuyer la face de son divin Maître. Pour récompenser son acte de courage et de piété, Jésus imprima sur son voile l'image de son visage sacré. Cette image est connue sous le nom de *Sainte Face*. Un fût de colonne brisée, couché à terre, marque la place de la VIe *Station*. Une porte basse, étroite, cintrée dans le haut, donne entrée dans la cour de la maison de sainte Véronique. Pour arriver, soixante mètres plus loin, à la VIIe Station, il faut monter beaucoup. Là était la porte judiciaire que Jésus devait traverser pour quitter la ville et monter directement au Calvaire. Près de cette porte, se trouvait une colonne portant la sentence de mort et les motifs de la condamnation. C'est à la vue de cette injuste sentence que Jésus, épuisé déjà par la fatigue et le sang qu'il avait répandu, défaillit et tomba pour la seconde fois, la face contre terre. On aperçoit cette colonne à travers une fenêtre très élevée de la maison à droite, presque en face de la rue, qui incline là un peu à gauche. — Pour aller de la VIIe Station à la VIIIe, qui se trouvait en dehors de la ville, on ne peut suivre aujourd'hui les pas de Jésus : les constructions d'un couvent grec ferment le passage. Il faut faire un assez long détour, après quoi on arrive à l'endroit où Jésus, s'adressant aux femmes de Jérusalem qui le suivaient en pleurant de compassion sur lui, leur dit : Ne pleurez point sur moi, mais sur vous-mêmes et sur vos enfants ! Quel sujet n'avons-nous pas, nous aussi, de pleurer sur nous ! Et où trouverons-nous, dans nos souffrances, nos épreuves, autant de consolation qu'en suivant Jésus-Christ dans le chemin de la croix ? — Il y avait quatre-vingts mètres environ de la VIIIe à la IXe Station, mais à cause de la construction de la basilique et des bâtiments environnants, il faut faire un long détour pour arriver à la porte de l'église du Saint-Sépulcre, où se fait aujourd'hui la IXe Station. Le Calvaire était monté, l'heure du sacrifice approchait, tout était prêt ; une foule énorme, massée en ces lieux, crie, insulte et demande le supplice. Jésus regarde cette multitude, il jette un regard dans l'avenir et l'infidélité des hommes ; l'abus des grâces, et pour plusieurs l'inutilité du sang qu'il va verser, lui enlèvent toutes ses forces et il tombe pour la troisième fois. Les autres stations se font dans l'intérieur de la basilique, sur le Calvaire lui-même, comme nous l'avons indiqué plus haut.

Un jour, tous les pèlerins réunis firent le chemin de la croix en suivant la voie douloureuse, depuis la première station, dans la cour de la caserne, jusqu'au Calvaire. Les prêtres portaient sur leurs épaules, à tour de rôle, la grande croix d'olivier de notre bateau, et on chantait des hymnes et des cantiques. Les rues étaient encombrées, la circulation presque interrompue, mais personne, ni Juifs, ni Mahométans, ne fit entendre la moindre plainte, ne témoigna le moindre mécontentement. Un Père Franciscain prêchait à chaque station : l'exercice dura 4 heures. On était harassé de chaleur et de fatigue ; les jambes refusaient presque leur service. Mais oserait-on penser à la fatigue sur la voie douloureuse ? Dans sa prédication, le Père disait d'excellentes choses, mais il y avait des longueurs qui refroidissaient la piété. Il fallait là des paroles de feu ; il fallait toucher et faire pleurer. Des anecdotes ne sont pas de circonstance dans un chemin de croix à Jérusalem sur la voie douloureuse.

Plusieurs fois, j'ai parcouru cette voie douloureuse et toujours avec émotion. La première fois que je m'aperçus que j'y étais, je fus saisi, je n'osais presque plus avancer. Voyez donc, disais-je à mon compagnon, nous sommes sur la voie douloureuse. Nous marchâmes alors en silence, occupés des différentes scènes de ce drame incomparable.

Tout à l'heure, à la Ve Station, j'ai indiqué seulement, pour ne pas interrompre trop longtemps la marche du récit, l'emplacement de la maison du mauvais riche. Voici maintenant, dans son entier, cette parabole si touchante et si instructive : « Il y avait un homme riche, vêtu de pourpre et de lin, et qui se traitait magnifiquement tous les jours. Il y avait aussi un pauvre, nommé Lazare, étendu à sa porte, tout couvert d'ulcères, et qui eût bien voulu se rassasier des miettes qui tombaient de la table du riche ; mais personne ne lui en donnait, et les chiens venaient lécher ses ulcères. Or, il arriva que le pauvre mourut, et il fut emporté par les anges dans le sein d'Abraham. Le riche mourut aussi, et il eut l'enfer pour tombeau. Et comme il était dans les tourments, il leva les yeux en haut, et vit de loin Abraham, et Lazare dans son sein, et s'écriant, il dit : « Père Abraham, ayez pitié de moi et envoyez Lazare, afin qu'il trempe le bout de son doigt dans l'eau, pour me rafraîchir la langue, parce que je souffre horriblement dans cette flamme. Mais Abraham lui répondit : Souvenez-vous, mon fils, que vous avez reçu des biens dans votre vie, et que Lazare n'y a eu que des maux ; c'est pourquoi il est maintenant dans la consolation, et vous êtes dans les tourments. De plus, il y a entre nous et vous un grand abîme ; de sorte que ceux qui voudraient passer d'ici vers vous, ne le peuvent, comme en ne peut passer ici, du lieu où vous êtes. Le riche ajouta : Je vous supplie donc, Abraham, mon Père, de l'envoyer dans la maison de mon père, où j'ai cinq frères, afin qu'il les avertisse, de peur qu'ils ne viennent, eux aussi, dans ce lieu de tourments. Abraham répondit : Ils ont Moïse et les prophètes : qu'ils les écoutent ! — Non, dit-il, Abraham mon Père ; mais si quelqu'un des morts va les trouver, ils feront pénitence. Abraham répondit : S'ils n'écoutent ni Moïse, ni les prophètes, ils ne croiront pas non plus, quand même quelqu'un d'entre les morts ressusciterait. (Ev. St Luc, ch. XVI.)

En face de l'emplacement du palais de Pilate, se trouve l'établissement des Dames de Sion, fondé par le R. P. Alphonse Ratisbonne, Juif converti par la médaille miraculeuse. Les travaux furent terminés en 1868.

Cet établissement, vaste et bien disposé, renferme plusieurs souvenirs évangéliques. D'abord, le pied droit de l'arc de l'*Ecce Homo*, du haut duquel Pilate montra au peuple Jésus, couronné d'épines ; ensuite, deux anciennes pierres quadrangulaires, sur l'une desquelles, d'après la tradition, se tenait Pilate, et sur l'autre, Jésus, en face de son juge, pendant l'interrogatoire. Un gardien du mont Sion, Supérieur des Franciscains, les fit encastrer dans le mur, afin que désormais on ne les foulât plus aux pieds ; enfin, une large partie du Lithostrotos, place publique où se tenaient les Juifs pendant le jugement et d'où ils demandaient que Jésus fût crucifié. A deux angles de cette place, on voit deux énormes pierres, semblables aux grosses bornes qu'on trouve quelquefois près des portes cochères ou aux coins des places publiques. Celles-là formaient certainement les angles du Lithostrotos. Dans les sous-sols de la maison, on voit l'entrée d'une ancienne piscine, qu'on nous dit être la source d'Ezéchias (1), perdue depuis longtemps, et retrouvée inopinément en construisant la maison.

Les religieuses de cette maison sont Françaises, au moins pour la plupart, et c'est une jeune religieuse, originaire de Dijon, qui nous fait visiter la maison. Ces religieuses tiennent des écoles où elles reçoivent tous les enfants qui se présentent, sans distinction de race, ni de religion. Nous fîmes lire une jeune Grecque, mais, à sa manière de prononcer, nous ne reconnaissons pas notre grec classique, et, quand nous lisons nous-mêmes, elle n'y entend rien. Du haut des terrasses de l'établissement, on jouit d'une vue splendide sur l'esplanade de l'ancien temple et de la mosquée d'Omar.

La chapelle n'est pas très grande et elle est trop sombre : la lumière n'y vient que par le haut de la coupole. Nous assistons à un service anniversaire pour le fondateur. Jamais je n'avais entendu si bien chanter, ni de si belles voix. Une surtout était tout-à-fait

(1) Un des plus saints rois de Juda, 727 ans avant Jésus-Christ. C'est sous son règne que l'Ange du Seigneur fit périr dans une nuit 180.000 hommes de l'armée de Sennachérib, roi d'Assyrie, qui assiégeait Jérusalem. Touché des prières d'Ezéchias, dangereusement malade, Dieu lui accorda encore 15 années de vie, et pour assurer le roi de la vérité de sa promesse, il fit rétrograder de 10 degrés l'ombre du soleil sur le cadran d'Achaz.

angélique, je ne crois pas profaner ce terme. Quelle douceur ! quelle ampleur ! quelle souplesse ! Que j'aimais la prononciation de son latin ! Je fus ravis quand je l'entendis chanter : *Lauda, Jerusalem.* Sion eut-il jamais de pareils chants depuis David ? Que sera-ce donc que le chant du ciel ?

Malheureusement, j'avais près de moi un prêtre de Chartres, maître de chapelle quelconque, qui, pour faire admirer son talent d'artiste, cherchait, avec sa grosse voix, à faire des accords. Il croyait embellir le chant ; il le déparait horriblement. Heureusement qu'au ciel, il n'y aura pas de ces fantaisies extravagantes ; autrement, je solliciterais la faveur de ne pas être dans son voisinage. Pourquoi donc ne pas savoir se contenter de ce qui est simplement et vraiment beau ?

Dans l'enceinte actuelle de la ville, tout près du mont Sion, se trouve l'emplacement de la maison d'Anne, beau-père de Caïphe, où Jésus fut d'abord conduit en sortant du jardin des Oliviers, et où il subit son premier interrogatoire. « Jésus répondit : J'ai parlé publiquement au monde ; j'ai toujours enseigné dans la synagogue et dans le temple, où tous les Juifs s'assemblent ; je n'ai rien dit en secret. Interrogez ceux qui m'ont entendu. A ces paroles, un des serviteurs donna un soufflet à Jésus, en disant : Est-ce ainsi que tu réponds au pontife ? — Si j'ai mal parlé, dit Jésus, montrez-le, et, si j'ai bien parlé, pourquoi me frappez-vous ? » (St Jean, ch. XVIII.) L'église bâtie sur cet emplacement appartient aux Sœurs Arméniennes.

Tout près de là se trouve l'église bâtie à l'endroit où Hérode Agrippa, roi de Judée, petit-fils d'Hérode-le-Grand, et neveu d'Hérode Antipas, ainsi surnommé en l'honneur du favori de l'empereur Auguste, Agrippa, qui le protégea, fit décapiter saint Jacques le Majeur, à son retour d'Espagne, où il avait prêché l'Evangile. « En ce temps-là, le roi Hérode porta la main sur quelques-uns de l'Eglise pour les tourmenter. Il fit périr par le glaive Jacques, frère de Jean et fils de Zébédée. » (Act. des Ap., ch. XII.) C'était l'an 44. Saint Jacques est le premier des apôtres qui cueillit la palme du martyre. Ses disciples s'emparèrent de son corps et le transportèrent à Compostelle, en Espagne, où il est toujours en grande vénération. Cette église sert aujourd'hui de cathédrale aux Arméniens schismatiques. Elle est remarquable par la richesse et la profusion de son ornementation. Une petite chapelle au nord marque l'endroit précis du martyre de l'apôtre. Les Franciscains ont le droit d'y célébrer les offices tous les ans à la fête de l'apôtre. En face de cette chapelle s'en trouve une autre, où l'on conserve une pierre apportée du mont Sinaï, une seconde du mont Thabor et une troisième du lit du Jourdain.

Aujourd'hui, en rentrant à mon logement, on me remit une lettre de France. Elle portait : M. l'Abbé Pailliez, heureux pèlerin de Jérusalem. De qui pouvait bien venir cette lettre ? Je ne reconnais pas l'écriture. Plusieurs fois j'avais écrit à ma mère, mais je n'avais jamais rien reçu de Pougy. Vite, j'ouvris l'enveloppe et je courus à la signature : *F.-J. Baveux, Curé de Verrières.* Ce bon abbé remplissait ses quatre pages d'heureuses nouvelles : ma mère allait bien, tout était tranquille et normal dans la paroisse, et le service, grâce à mes dévoués confrères, s'y faisait régulièrement. Merci, cher ami, vous m'avez fait du bien : tout à l'heure, j'étais harassé, maintenant je n'ai plus de fatigue, je suis gai, frais, dispos. Tantôt j'irai au Saint-Sépulcre et au Calvaire faire une prière pour vous et pour les vôtres.

V

Vallée de Josaphat — Jardin des Oliviers — Gethsémani Tombeau de la Sainte Vierge

En quittant la ville pour se rendre dans la vallée de Josaphat, on traverse la porte Saint-Etienne, gardée par un piquet de soldats turcs, nonchalamment étendus sur un divan. Près de là, à toute heure du jour, des Juifs ou des Musulmans accroupis fument en silence le narguillé et regardent passer d'un air hébété. Au temps d'Israël, cette porte s'appelait : porte des troupeaux ; les Croisés l'appelaient : porte de la vallée de Josaphat, et aujourd'hui, les Musulmans l'appellent : porte de Madame Marie.

La vallée de Josaphat, silencieuse comme ses tombeaux, est célèbre entre toutes les vallées du monde. Elle n'est probablement autre que la vallée de Savé, où Abraham, en revenant vainqueur des rois d'Assyrie, rencontra Melchisédech, roi de Salem et prêtre du Très-Haut. Melchisédech offrit en sacrifice à Dieu du pain et du vin, figure de la divine Eucharistie, et il bénit Abraham en disant : Que le Très-Haut, Créateur du ciel et de la terre, bénisse Abraham ! Abraham donna à Melchisédech la dîme de tout le butin qu'il avait fait sur l'ennemi. David, fuyant devant Absalon, son fils révolté, traversa cette vallée, la tête voilée, pour aller se cacher dans le désert. Plusieurs fois, Notre-Seigneur Jésus-Christ l'a traversée en allant de Jérusalem au mont des Oliviers et à Béthanie. Enfin, d'après le prophète Joël, c'est là que doit avoir lieu le Jugement dernier.

« La vallée de Josaphat, c'est la vallée des larmes, du recueillement et de la mort. Rien d'animé ne distrait celui qui vient méditer dans cette solitude. Une ville ensevelie sous ses malheurs, châtiment de son déicide, un torrent sans eau, partout des monuments funèbres, des rochers nus, quelques arbres rachitiques, très peu de verdure, des montagnes arides, des tombeaux brisés, le souvenir des prophètes et des martyrs, l'agonie du Fils de Dieu, et sa venue à la fin des siècles pour juger le monde, voilà ce qui saisit l'âme et la remplit d'émotion, de tristesse et d'effroi. » (F. Liévin.)

En dehors de la porte St-Etienne, avant d'arriver au torrent de Cédron (1), on traverse le cimetière musulman et on aperçoit celui des Juifs, s'étalant au pied du mont des Oliviers. En se dirigeant vers le sud, à peu de distance de la porte Dorée, on remarque un rocher qui passe pour être l'endroit où saint Etienne, premier diacre, fut lapidé. « Etienne, plein de grâce et de force, faisait de grands miracles parmi le peuple et personne ne pouvait réfuter les arguments qu'il apportait en faveur de la divinité de Jésus de Nazareth, ni résister à la sagesse et à l'Esprit saint qui parlait en lui. Les nombreuses conversions qu'il opérait inquiétaient grandement les Juifs et les chefs de la Synagogue des Affranchis, des Cyrénéens et de ceux qui étaient de l'Asie. Ils entreprirent de discuter avec lui, mais sans succès. Pour ne pas avoir l'air d'être vaincus, ils subornèrent des faux témoins, qui accusèrent Etienne d'avoir proféré des blasphèmes contre le Lieu saint et la Loi. Sans contrôler ces dépositions, ils se jetèrent sur lui, l'entraînèrent hors de la ville et le lapidèrent. Cependant, Etienne priait en disant : Seigneur Jésus, recevez mon esprit ; ensuite, se mettant à genoux, il s'écria à haute voix : Seigneur, ne leur imputez pas ce péché. Après cette parole il s'endormit dans le Seigneur.» (Act. des Ap., ch. VI et VII.)

Un des principaux monuments de la vallée de Josaphat, c'est le tombeau d'Absalon. C'est un monolithe taillé dans le roc et orné, sur chacune de ses faces, de quatre colonnes. Il est surmonté d'une maçonnerie et terminé par une pointe cylindrique, couronnée par un gros bouquet de palmes. Il ressemble tout à fait à un chapeau chinois. Absalon, fils de David, avait fait ériger ce monument pour y reposer après sa mort, mais il n'y fut jamais inhumé, puisque, tué par Joab dans sa révolte contre son père, il fut jeté dans une grande fosse, qui lui servit de sépulcre.

A la jonction de la vallée de Josaphat et de la vallée de la Géhenne, se trouve le puits de Job, où les Juifs, partant en captivité, avaient caché le feu sacré. A son retour, Zorobabel le chercha, mais il ne retira du puits qu'une boue épaisse qui, néanmoins, répandue sur l'holocauste, s'enflamma et consuma la victime. Liv. II des Mach., ch. I.)

(1) Torrent de la vallée de Josaphat. Aujourd'hui, il est ordinairement à sec. En hiver et après les orages, il précipite ses eaux avec impétuosité dans la Mer Morte.

Dans le voisinage se trouve l'emplacement du figuier où Judas se pendit. « Judas, qui avait trahi Jésus, voyant qu'il était condamné, se repentit de son forfait et rapporta aux Princes des prêtres les trente pièces d'argent qu'il avait reçues pour prix de sa trahison. — J'ai péché, leur dit-il, car j'ai livré le sang innocent. — Ils lui répondirent : Cela ne nous regarde pas, c'est votre affaire. Alors Judas jeta cet argent dans le temple et, voyant qu'il ne pouvait plus délivrer son Maître, il se retira, et, le désespoir dans l'âme, il alla se pendre. » (St. Math., ch. XXVII.) Son corps se rompit et ses entrailles tombèrent à terre. (Actes des Ap., ch. I.)

Près de là aussi, se trouve la fontaine de Siloé, où Jésus envoya l'aveugle-né se laver et où il fut guéri. « En passant, un jour de sabbat, Jésus vit un homme qui était aveugle dès sa naissance. Il cracha à terre et, ayant fait de la boue avec sa salive, il en frotta les yeux de l'aveugle et lui dit : Allez vous laver dans la piscine de Siloé, qui signifie : Envoyé. Il y alla, il s'y lava et il s'en revint en voyant clair. Ce miracle surprit grandement ceux qui connaissaient cet homme pour l'avoir vu assis dans le temple et demandant l'aumône. Les uns disaient : c'est le mendiant qu'on voyait habituellement ici ; les autres disaient : c'en est un qui lui ressemble ; et lui, l'aveugle guéri, disait : c'est moi-même. Comment donc alors, lui demandaient-ils, vos yeux se sont-ils ouverts ? Il leur répondit : Celui qu'on appelle Jésus a fait de la boue, il en a frotté mes yeux, et il m'a dit : Allez vous laver à la piscine de Siloé. J'y suis allé, je me suis lavé, et je vois. » (Ev. St Jean, ch. IX.) Singulière manière d'opérer ! Jésus veut guérir un aveugle, et il lui met de la boue dans les yeux. Le remède n'est-il pas pire que le mal ? Cependant, en se lavant dans la fontaine désignée, ces yeux, qui n'avaient jamais vu, s'ouvrent, s'éclairent et ils voient. Cette guérison éclatante, indiscutable et tout-à-fait déconcertante, émeut et trouble tous les Juifs. On appelle le miraculé, on fait venir ses parents, on les interroge, on les prend sur tous les points et on n'en obtient d'autre éclaircissement que ceci : J'étais aveugle dès ma naissance, on m'a mis de la boue dans les yeux et, en me lavant comme on me l'avait commandé, je vis clair... L'intervention divine était manifeste, mais la mauvaise foi ne se rend pas. Si cet homme, disaient les pharisiens, était l'homme de Dieu, il ne violerait pas le Sabbat comme il le fait. Les autres, au contraire, disaient : Si c'était un pécheur, un ennemi de Dieu, comment pourrait-il opérer de pareilles merveilles ? Et ils étaient partagés de sentiments.

Nous savons, disaient-ils, que Dieu a parlé à Moïse, mais celui-ci, nous ne savons d'où il vient. C'est étrange, disait l'aveugle, que vous ne sachiez d'où vient celui qui m'a guéri ! Tout le monde sait pourtant que Dieu n'exauce pas les pécheurs ; et a-t-on jamais entendu dire que quelqu'un ait ouvert les yeux d'un aveugle-né ? Si celui qui m'a guéri n'était pas l'envoyé de Dieu, il n'aurait pas pu faire ce qu'il a fait. Ce raisonnement si logique et si convaincant, exaspéra les Juifs. Quoi ! lui dirent-ils, tu es né dans le péché et tu viens nous faire la leçon ? Ils se répandirent en injures contre lui et l'excommunièrent en le rayant du nombre des membres de leur synagogue.

Le lieu le plus saint et le plus vénérable de la vallée de Josaphat, c'est, sans contredit, le jardin des Oliviers, situé de l'autre côté du Cédron. C'est une petite propriété, à peu près carrée, et entourée de murs en très bon état. Ce jardin contient encore huit oliviers dont le plus gros a huit mètres de tour, et ils sont au moins les rejetons de ceux qui ont abrité Notre-Seigneur, s'ils ne sont pas les mêmes. Les Pères Franciscains cultivent ce jardin et en font un parterre où s'épanouissent les fleurs les plus variées et les plus odorantes. Mais les fleurs et les oliviers sont entourés d'une grille qui les préserve des pieuses déprédations des pèlerins. Tout autour du mur d'enceinte court une large allée et, de place en place, adossées au mur, les quatorze stations monumentales du chemin de la croix, canoniquement érigées en 1873. C'est dans ce jardin que Jésus réunissait ses disciples pour les instruire, qu'il venait souvent prier et qu'il éprouva les premières impressions de sa Passion. « Asseyez-vous ici, dit-il à ses disciples, pendant que j'irai là pour prier. Et, prenant avec lui Pierre et les deux fils de Zébédée, il commença à être triste et accablé de douleur, et il leur dit : Mon âme est triste jusqu'à la mort, demeurez ici et veillez avec moi. (St Math., ch. XXVI.) Priez pour ne pas entrer en tentation. Puis, s'étant éloigné d'eux, à la distance d'environ un jet de pierre, il se mit à genoux, et pria en disant : Mon Père, si vous voulez, éloignez ce calice de moi ; néanmoins, que ce ne soit pas ma volonté qui se fasse, mais la vôtre ! Alors un Ange, venu du ciel, lui apparut pour le fortifier ; et, étant tombé en agonie, il redoublait ses prières. Il lui vint une sueur de sang qui coulait jusqu'à terre. (St Luc, ch. XXII.) Trois fois Jésus renouvela sa prière, disant à peu près les mêmes paroles. »

La grotte de Gethsémani, où Jésus fit cette prière, est à soixante-dix mètres environ du jardin des Oliviers lui-même. Cette grotte est restée dans son état primitif ; elle est très irrégulière et presque aussi large que longue. On y descend par un escalier de quelques marches seulement. Une ouverture, pratiquée dans la voûte, éclaire le sanctuaire, où trois autels sont dressés. Celui du fond marque la place où Jésus sua le sang. J'ai pu y dire la sainte messe ; j'étais seul pèlerin et j'ai pu prier et méditer assez longtemps tranquille. Mais voici les pèlerins grecs et russes, et leurs signes de croix de droite à gauche, leurs prostrations nombreuses, les baisers qu'ils donnent aux murs et leur nombre qui augmente et se renouvelle sans cesse, me déterminent à sortir plus tôt que je ne l'aurais voulu faire.

Sortant de la grotte de l'Agonie, Jésus revint à ses apôtres et leur dit : Dormez maintenant et reposez-vous ! Voici l'heure où le Fils de l'homme va être livré entre les mains des pécheurs. Bientôt après, il dit : Allons, levez-vous, celui qui doit me trahir n'est pas loin. Il parlait encore quand Judas arriva à la tête d'une grande troupe de gens armés d'épées et de bâtons envoyés par les Princes des prêtres et les Anciens du peuple. Or, celui qui le trahissait leur avait dit : Celui que j'embrasserai, c'est celui que vous cherchez ! Saisissez-le et gardez-le avec précaution. Il s'approcha donc de Jésus et lui dit : Maître, je vous salue, et il le baisa. Jésus lui dit : Mon ami, qu'êtes-vous venu faire ici ? Quoi ! vous livrez le Fils de l'Homme par un baiser ? (St Math. et St Luc.) En sortant du jardin des Oliviers, au fond d'une impasse à droite, une colonne, encastrée dans le mur, indique le lieu de la trahison de Judas. Alors cette troupe s'empara de Jésus, le lia solidement et le conduisit chez Anne, beau-père de Caïphe. En traversant le Cédron, ces hommes bousculèrent Jésus et le renversèrent du haut du pont dans le torrent. Ainsi fut réalisée cette parole de David : *de torrente in via bibet,* dans le chemin de sa captivité, il boira de l'eau du torrent. On aperçoit encore sur le rocher, dans le lit du Cédron, l'empreinte du pied de Jésus.

Tombeau de la Sainte Vierge. — A quelques mètres seulement de la grotte de Gethsémani, se trouve le tombeau de la Sainte Vierge. Vues de l'extérieur, la grotte de l'Agonie et la basilique de l'Assomption ne disent pas grand'chose : elles ne sont élevées que de quelques mètres au-dessus des terrains adjacents. La grotte paraît une terrasse blanche sans art, sans forme, ni figure; la basilique de l'Assomption ne se révèle que par un portique à moitié caché et par un petit dôme qui s'élève timidement audessus du tombeau de la Sainte Vierge.

Le tombeau de Marie, renfermé dans un édicule taillé dans le roc et isolé de tous côtés de la montagne, se trouve au fond d'un long et profond souterrain dans lequel on descend par un escalier de quarante-huit marches. A la vingt-cinquième marche en descendant, on vénère, à droite, le tombeau de sainte Anne et de saint Joachim, et, à gauche, le tombeau de saint Joseph et du vieillard Siméon. Au bas de l'escalier, la grotte s'élargit et, à droite, s'ouvre une chapelle de médiocre grandeur : c'est le tombeau de Marie. Tous les cultes dissidents ont le droit d'y célébrer leurs offices ; seuls, les catholiques en sont exclus ; ils ne peuvent que le visiter et y prier. On peut toucher le tombeau ou au moins le rocher qui fait corps avec lui. La lumière du jour ne pénètre point dans ce sanctuaire, il n'est éclairé que par la lumière des lampes qui y brûlent en grand nombre et continuellement.

C'est là que les anges vinrent prendre, pour le transporter au ciel, le corps de l'Immaculée Mère du Sauveur, enseveli par les apôtres. Près de ce tombeau, on répétait instinctivement : *Assumpta est Maria in cœlum, gaudent angeli, laudantes benedicunt Dominum.* Marie est enlevée au ciel ; les anges sont dans la joie, ils bénissent le Seigneur et chantent ses louanges.

Une ancienne tradition, dit saint Jean Damascène, rapporte qu'à l'époque de la mort de la Très Sainte Vierge, les apôtres, dispersés dans tout l'univers pour la prédication de l'Evangile, furent miraculeusement transportés à Jérusalem, pour assister la Mère de Dieu à ses derniers moments. Saint Thomas, seul, était absent. Des anges apparurent aux apôtres et on entendit dans les airs les psalmodies des phalanges célestes. Pendant ces chants, Marie rendit son âme à Dieu. Les apôtres ensevelirent avec respect le corps qui avait porté le Verbe éternel et le déposèrent dans un sépulcre préparé à Gethsémani, en chantant des hymnes et des psaumes que les anges accompagnaient du haut du ciel. Pendant trois jours entiers, le chant des anges continua sans interruption, puis le silence se rétablit.

Saint Thomas, arrivé enfin, voulut vénérer encore le corps de la Mère de son Dieu. Il se rendit donc au lieu de la sépulture avec les autres apôtres et quelques autres personnages, parmi lesquels Timothée, évêque d'Ephèse, et Denis, l'Aréopagite. On ouvrit le tombeau, mais le corps de Marie n'y était pas et, malgré les plus minutieuses recherches, on ne put le découvrir nulle part.

A la place du corps, des fleurs variées, des roses et des lis, s'étaient épanouies et répandaient le plus suave parfum. Les apôtres furent convaincus que Marie avait été transportée par les anges en corps et en âme dans le ciel. C'est la croyance universelle et constante de l'Eglise catholique et l'objet de la fête très solennelle de l'Assomption.

VI

Mont des Oliviers — Couvent du « Pater » — Bethphagé et Béthanie

Me voici de nouveau sur le sommet d'une montagne, et cette montagne, c'est le mont des Oliviers. Nous sommes au jour de l'Ascension, 14 mai, et nous venons célébrer cette fête au lieu même où Jésus est monté au ciel. Devant moi, à l'ouest, Jérusalem étale ses maisons légèrement inclinées vers la vallée de Josaphat. Au premier plan, l'esplanade du temple et la fameuse mosquée d'Omar ; plus loin, dans la même direction, tout à fait à l'arrière-plan, la coupole du Saint-Sépulcre ; un peu à droite, vers le nord, sont l'église de Sainte-Anne et l'établissement des Dames de Sion ; plus au nord, des terrains vagues, et plus loin, le clocher de l'église Saint-Sauveur et la tour du patriarcat latin. Au sud-ouest, entre la basilique de la Résurrection et le temple, en dehors de l'enceinte de la ville, le mont Sion et les constructions du Cénacle, avec le tombeau de David. A mes pieds, l'étroite et triste vallée de Josaphat et son torrent de Cédron, dont le lit rocailleux est complètement à sec. Quel tableau ! quel lieu au monde renferme dans un si petit espace tant de choses importantes : le Calvaire, autel de la réconciliation, où le pacte de la nouvelle Alliance fut signé avec le sang d'un Dieu ; le Cénacle, où l'Eucharistie fut instituée, et fondé le sacerdoce catholique ; le mont des Oliviers, où Jésus vint prier tant de fois et d'où il s'éleva au ciel ; enfin, la vallée de Josaphat, où se fera le Jugement dernier ?

Il était tard hier soir quand nous quittâmes Jérusalem pour venir passer la nuit ici. Il faisait très noir et les rues de Jérusalem ne sont pas éclairées par de puissants réverbères, moins encore par l'électricité. C'était donc un mauvais trajet, car, l'obscurité aidant, la marche devenait difficile, le pas étant mal assuré sur le pavé si inégal des rues. Mais, quand nous nous retournions, en gravissant les pentes de la montagne, les lumières parsemées çà et là dans la ville, lui donnaient un air de gaieté et de vie qu'elle est loin d'avoir en plein jour.

En arrivant au *Viri Galilæi*, où notre tente était dressée, nous entendîmes les chants des pèlerins russes, des Arméniens, des Grecs schismatiques qui célébraient déjà leurs offices. Il y avait des processions aux flambeaux, on marchait avec ordre, sur deux rangs, en chantant avec mesure et harmonie. Mais, dans la nuit, ces marches et ces chants prirent l'allure d'une vraie saturnale ; ce n'étaient plus des chants, mais des cris, des danses effrénées au son du tambourin. La nuit, au mont des Oliviers, fût à peu près blanche. Une vaste tente servait de dortoir, et des matelas, étendus sans façon sur les cailloux, remplaçaient les lits. Ajoutez à cela le chant des schismatiques, le chuchotement des prêtres qui s'avertissaient pour la messe dans la mosquée de l'Ascension et par-dessus tout une bourrasque de vent, vraie tempête, qui faillit enlever la tente. N'ayant pu dire la messe à l'endroit où Jésus est monté au ciel, je l'ai dite au couvent du *Pater*, après la messe solennelle, où j'ai rempli les fonctions de diacre.

Le mont des Oliviers est la plus gracieuse des montagnes que j'ai vues en Palestine. Elle est assez arrondie, sans être escarpée; ses flancs sont généralement cultivés et plantés d'oliviers et de figuiers. Elle s'élève à 830 mètres environ au-dessus du niveau de la Méditerranée, et elle est couronnée par un village musulman et par l'établissement russe où fut montée la plus grosse cloche du monde. Depuis cette époque, la *Savoyarde* est venue s'installer à la basilique du Sacré-Cœur à Montmartre, et je ne sais laquelle des deux cloches l'emporte. Sur le sommet de la montagne, on voit un léger minaret et une petite mosquée, enclavée dans d'autres bâtiments. Cette mosquée couvre le lieu d'où Jésus est monté au ciel. Elle est petite et sert à peu près à tous les cultes : douze ou quinze prêtres du pèlerinage ont pu y célébrer la sainte messe. Cette mosquée renferme, entouré d'un cadre de marbre blanc, le vestige du pied que Jésus-Christ imprima sur le rocher en quittant la terre. Les deux pieds étaient marqués, mais les schismatiques en ont enlevé un, de sorte qu'aujourd'hui on n'aperçoit plus que le vestige du pied gauche, assez mal formé du reste. On baise néanmoins, avec un grand respect, cette dernière trace du Sauveur ici-bas. Là, on regarde le ciel et on dit : *Sursum corda*, nous ne sommes pas d'ici, notre espérance, c'est le ciel. « Jésus, qui avait conduit ses apôtres ou qui leur avait donné rendez-vous sur le mont des Oliviers, mangea avec eux, puis, s'étant levé, il les bénit et, pendant qu'il les bénissait, il s'éleva en leur présence, lentement, de la terre au ciel et disparut dans une nuée lumineuse. Comme les apôtres regardaient toujours, dans l'espoir de le voir encore, des anges s'approchèrent et leur dirent : Pourquoi regardez-vous ainsi ? Jésus ne reviendra qu'à la fin du monde, de la même manière que vous l'avez vu partir. Retournez donc à la ville et attendez la réalisation de la promesse qu'il vous a faite. Les apôtres quittèrent donc la montagne, et se retirèrent au Cénacle pour attendre la descente du Saint-Esprit. » (Act. des Ap., ch. I.)

Sainte Hélène avait fait construire une magnifique église au lieu de l'Ascension ; les Croisés l'avaient rétablie, mais elle fut détruite de nouveau par les Musulmans et remplacée par la mosquée actuelle.

A peu de distance de la mosquée de l'Ascension, se trouve un couvent de Carmélites dont la plupart des religieuses sont françaises. Sœur Véronique, la tourière, est une jeune négresse très active et très entendue. Ce couvent, vaste et bien bâti, couvre l'endroit où Jésus enseigna le *Pater* à ses apôtres : « Seigneur, lui dirent-ils un jour, enseignez-nous donc à prier. Il leur dit : Quand vous voudrez prier, vous direz : Notre Père, qui êtes aux cieux, que votre nom soit sanctifié », et tout le reste de cette sublime oraison dominicale que nous savons tous et que nous aimons à réciter chaque jour dans nos prières. (St Luc, ch. XI.)

Dans le cloître du couvent, l'Oraison Dominicale est gravée sur des plaques de faïence en 32 langues. Jai cherché et j'ai été heureux de trouver la version française. L'établissement du *Pater* a été reconstruit en 1869 par Madame la Princesse de la Tour d'Auvergne.

A trente mètres environ du cloître du *Pater*, vers l'ouest, se trouve le lieu où, selon la tradition, les apôtres rédigèrent le *Credo*, avant de se séparer pour aller évangéliser le monde. Ce symbole, qui renferme les cinq grandes principales vérités de la foi, est le programme qu'ils devaient développer, donnant à leurs instructions particulières partout le même fondement. Madame la Princesse de la Tour d'Auvergne, en 1874, a déblayé le terrain et a retrouvé le pavement de l'église bâtie autrefois sur ces lieux et dédiée à saint Marc. Un reste de cette église, avec douze niches occupées par des statues représentant les douze apôtres, s'y voyaient encore il y a quelque temps. Les Musulmans ont vendu ces pierres aux Juifs, qui en ont fait des pierres tumulaires.

Les établissements du *Pater* et du *Credo* ont été donnés à la France.

Après la messe solennelle célébrée à l'église du *Pater*, nous allâmes à Béthanie en passant par Bethphagé, situé sur le versant oriental du mont des Oliviers. Le paysage, de ce côté, est très accidenté, tourmenté même ; on n'y voit que des montagnes abruptes et des gorges étroites et profondes. A dix minutes du *Pater*, on rencontre une maison et une grande cour environnée de murs : c'est ce qui reste de Bethphagé. Depuis très longtemps, on ne voyait plus rien de ce village, mais dernièrement le propriétaire se mit à défricher le terrain, et il découvrit des fondations de maisons et même des débris de pavement en mosaïque. Dans une grande pièce de cette habitation, gardée par deux Musulmans, on voit, entouré d'une grille, le rocher où, dit-on, se trouvait attaché l'âne sur lequel Jésus-Christ monta pour son entrée triomphale à Jérusalem. « Lorsque Jésus et ses apôtres approchaient de Jérusalem, se trouvant à Béthanie, au pied de la montagne des Oliviers, Jésus envoya deux de ses disciples en leur disant : Allez à ce village qui est devant vous, et, en y entrant, vous trouverez, attaché là, un ânon sur lequel personne n'est encore monté ; déliez-le et amenez-le moi. Si quelqu'un vous dit : Pourquoi agissez-vous ainsi ? vous lui direz : c'est que le Seigneur en a besoin, et il vous laissera faire. Les apôtres s'en allèrent donc et ils trouvèrent en effet un ânon attaché à la porte d'une maison à l'angle de deux chemins et se mirent à le délier. Mais voici qu'on leur dit : Que faites-vous donc ? Pourquoi déliez-vous cet ânon ? Ils répondirent ce que leur avait ordonné Jésus, et on le leur laissa emmener. Quand ils furent arrivés près de Jésus, ils couvrirent l'ânon de leurs vêtements et Jésus monta dessus. Plusieurs même étendirent leurs vêtements le long du chemin ; d'autres coupaient des branches d'arbres et les jetaient où il passait, et tous ceux qui le précédaient et qui le suivaient criaient : Hosanna ! Béni soit celui qui vient au nom du Seigneur ! Béni soit le règne de notre père David que nous voyons arriver ! Hosanna ! Salut et gloire au plus haut des cieux ! » (St Marc, ch. XI.)

Le gros du village de Bethphagé devait se trouver sur cette languette de terre qu'on voit à droite et qu'on prendrait pour une digue construite pour relier le mont des Oliviers avec les collines de Béthanie.

Béthanie, où Notre-Seigneur se plaisait à aller et où demeuraient Marthe, Marie, et Lazare leur frère, n'est plus aujourd'hui qu'un village de 300 habitants, tous Musulmans.

En avançant de Béthanie vers l'est, on arrive bientôt à la pierre du Colloque, située sur le plateau d'une colline dénudée et dominant tous les alentours. « A Béthanie, Lazare, frère de Marthe et de Marie, étant tombé malade et réduit à l'extrémité, ses sœurs envoyèrent dire à Jésus : Celui que vous aimez est malade. Mais Jésus, sans s'inquiéter de ce message, demeura où il était. Quelques jours après, il dit à ses apôtres : Notre ami Lazare dort et je vais le réveiller : il voulait dire qu'il était mort et qu'il allait le ressusciter. Or, Marthe, apprenant que Jésus arrivait, s'avança au-devant de lui ; Marie resta seule à la maison. Marthe rencontra Jésus à cette pierre du colloque et, se jetant à ses genoux, elle lui dit en pleurant : Seigneur, si vous aviez été ici, mon frère ne serait pas mort, mais je sais que Dieu vous accordera tout ce que vous lui demanderez. — Jésus lui répondit : Votre frère ressuscitera. — Marthe dit : Oui, je sais qu'il ressuscitera au dernier jour. — Jésus répartit : Je suis la Résurrection et la Vie. Celui qui croit en moi, quand même il serait mort, vivra ; et quiconque vit et croit en moi ne mourra pas pour toujours. Croyez-vous ces choses ? — Oui, Seigneur, dit-elle, je crois que vous êtes le Christ, le Fils du Dieu vivant, qui êtes venu dans ce monde ! Après ces paroles, Marthe quitta Jésus et alla avertir sa sœur de la présence de Jésus. Le Maître est là, lui dit-elle à voix basse, et il te demande. Marie se leva aussitôt et se rendit près de Jésus, resté là où Marthe l'avait rencontré. En le voyant, Marie se jeta à ses pieds et lui dit : Seigneur, si vous aviez été ici, mon frère ne serait pas mort ! Et, la voyant pleurer, ainsi que tous ceux qui l'accompagnaient, Jésus frémit en son esprit et se troubla lui-même. Où l'avez-vous mis ? dit-il. Ils lui répondirent : Seigneur, venez et voyez. Alors Jésus pleura. Voyez comme il l'aimait ! disaient les uns ; mais les autres disaient : Ne pouvait-il pas l'empêcher de mourir, lui qui a ouvert les yeux de l'aveugle-né ? » (St Jean, ch. XI.)

De la pierre du Colloque, on découvre parfaitement Béthanie, située dans la vallée et sur les derniers renflements de la montagne. Ce village, quoique dans un site pittoresque, m'a paru pauvre, triste et misérable. Tout le paysage est sombre, noir, sans arbres et sans verdure. De là, nous descendons au village et aux premières maisons; nous rencontrons sur le bord du chemin le tombeau de Lazare. C'était une grotte souterraine, pratiquée dans le rocher. Mais ce rocher, dissous depuis longtemps, ne paraît être qu'un morceau de terre argileuse ; aussi est-il revêtu d'une maçonnerie à la voûte ogivale. « Quand Jésus fut arrivé au sépulcre, il dit : Enlevez la pierre. Mais Marthe, la sœur du mort, lui dit : N'approchez pas, Seigneur, il sent mauvais ! il est en décomposition ! il y a quatre jours qu'il est mort. — Ne vous ai-je pas dit, répondit Jésus, que si vous croyiez, vous verriez la gloire de Dieu ? Ils ôtèrent donc la pierre qu'on avait mise sur l'ouverture de la grotte, et Jésus, levant les yeux au ciel, dit : Mon Père, je vous rends grâces de ce que vous m'avez exaucé. Je savais bien, moi, que vous m'exaucez toujours ; mais je dis ces choses pour ceux qui m'environnent, afin qu'ils croient que c'est vous qui m'avez envoyé. Après ces paroles, il cria à haute voix : Lazare, sortez dehors ! Aussitôt, le mort sortit, ayant les pieds et les mains liés de bandelettes et le visage enveloppé d'un linge. Alors Jésus leur dit : Déliez-le et laissez-le aller. Plusieurs des Juifs qui étaient venus voir Marie et Marthe et qui avaient été témoins de la résurrection de Lazare crurent en Jésus. » (St Jean, ch. XI.)

Je descendis au fond du tombeau par un escalier de 27 marches à moitié usées et glissantes. Il n'y a rien à voir ; cependant tout le monde veut y descendre. Un vieil Arabe à la barbe blanche, aux traits fatigués, aux vêtements débraillés, préside à la visite du tombeau et, bien qu'il soit chef du village, et qu'il ait été payé pour ce service, il nous demande encore bravement bakchiche. — Il reste encore quelques débris de l'ancienne église bâtie autrefois sur le tombeau de Lazare.

Tout près de là, se trouve l'emplacement de la maison de Marthe et de Marie, où Jésus fut souvent accueilli et où il prononça cette parole, résumé de tout l'Evangile : Une seule chose est nécessaire. « Jésus, étant en chemin avec ses disciples, entra dans un bourg, et une femme, nommée Marthe, le reçut dans sa maison. Marthe avait une sœur, nommée Marie, qui, assise aux pieds du Sauveur, écoutait ses paroles. Or, Marthe, très occupée à préparer ce qui était nécessaire au dîner, dit à Jésus : Ne voyez-vous pas, Seigneur, que ma sœur me laisse toute seule aux soins de l'hospitalité ? Dites-lui donc de m'aider. — Marthe, Marthe, dit le Seigneur, vous vous empressez et vous vous troublez dans le soin de beaucoup de choses ; cependant, il n'y en a qu'une seule qui soit nécessaire. Marie a choisi la meilleure part et elle ne lui sera point ôtée. » (St Luc, ch. X.)

A cent cinquante mètres environ du tombeau de Lazare, on voit l'emplacement de la maison de Simon le lépreux, où Marie-Madeleine répandit des parfums sur la tête de Jésus. « Jésus, étant à Béthanie dans la maison de Simon le lépreux, une femme, qui portait un vase d'albâtre plein d'un parfum de nard d'épi de grand prix, entra lorsqu'il était à table, et, ayant rompu le vase, lui répandit le parfum sur la tête. Quelques-uns en furent indignés en eux-mêmes et disaient : A quoi bon perdre ainsi ce parfum ? On aurait pu le vendre trois cents deniers, qu'on aurait donnés aux pauvres ! et ils murmuraient contre cette femme. Mais Jésus leur dit : Pourquoi tourmentez-vous cette femme ? Ce qu'elle vient de faire est une bonne œuvre ; car vous aurez toujours des pauvres parmi vous, et vous pourrez leur faire du bien quand vous voudrez ; mais moi, vous ne m'aurez pas toujours. Elle a fait ce qui était en son pouvoir ; elle a répandu ce parfum sur mon corps, pour me rendre par avance les devoirs de la sépulture. Je vous dis en vérité que dans tout l'univers où sera prêché cet Evangile, on racontera à sa louange ce qu'elle vient de faire. » (St Marc, ch. XIV.)

En descendant le mont des Oliviers pour rentrer à Jérusalem, on arrive à cent cinquante mètres du *Credo,* à l'endroit où Jésus pleura sur la ville, le jour des Rameaux, au milieu de son triomphe : « Quand il fut arrivé près de Jérusalem, il jeta les yeux sur la ville et pleura sur elle en disant : Ah ! si tu reconnaissais, du moins en ce jour qui t'est encore donné, ce qui peut t'apporter la paix ! Mais maintenant tout cela est caché à tes yeux. Il viendra un temps malheureux pour toi ; tes ennemis t'environneront de tranchées ; ils t'enfermeront et te serreront de toutes parts ; ils te renverseront par terre, toi et tes enfants, qui sont dans tes murs, et ils ne laisseront pas de toi pierre sur pierre , parce que tu n'as pas connu le temps où Dieu t'a visitée. » (St Luc, ch. XIX.) Il y avait là autrefois, une église, sous le vocable de *Dominus flevit.* Elle a été remplacée par une mosquée, qui tombe en ruines aujourd'hui.

Après avoir traversé la vallée de Josaphat et le torrent de Cédron, Jésus fit son entrée triomphale à Jérusalem par la Porte Dorée. Il entra dans le temple, et, voyant des gens qui achetaient et qui vendaient, il fut saisi d'indignation, et, faisant un fouet avec des cordes, il les chassa avec violence en leur disant : Il est écrit : Ma maison est une maison de prière, et vous en faites une caverne de voleurs. (St Luc, ch. XIX.)

La Porte Dorée est une construction qui remonte à Salomon ; mais les ornements qui l'embellissent aujourd'hui sont l'œuvre d'Hérode-le-Grand. Cette porte n'est probablement autre que la

Porte spécieuse, où l'on croit que l'ange du Seigneur annonça à saint Joachim que son épouse mettrait au monde une fille, qu'il appellerait Marie et qui un jour deviendrait la mère du Messie. C'est par cette porte aussi que l'empereur Héraclius entra dans la ville en portant sur ses épaules la vraie Croix, recouvrée sur le roi des Perses. En 614, Chosroës, roi des Perses, vainqueur des Romains, s'était emparé de Jérusalem et avait emporté la vraie Croix ; mais, quatorze ans plus tard, l'empereur Héraclius, vainqueur des Perses à son tour, imposa comme première condition de la paix que la vraie Croix serait rendue. Par piété, Héraclius voulut porter lui-même sur ses épaules la Croix du Sauveur. Revêtu de la pourpre impériale, la couronne sur la tête, il se mit en marche. Mais bientôt, il se sentit arrêter et dans l'impossibilité d'avancer. Cette pourpre, lui dit l'évêque de Jérusalem, ne concorde guère avec l'humiliation de Jésus montant au Calvaire. L'empereur quitta ses vêtements royaux, son diadème, ses chaussures, prit des vêtements pauvres, marcha pieds nus et arriva sans obstacle désormais au Calvaire, où la croix fut déposée, l'an 689. Tel est l'objet de la fête de l'Exaltation de la sainte Croix que l'Eglise célèbre le 14 septembre. Au temps des Croisés, on n'ouvrait cette porte que deux fois par an : le jour des Rameaux, en souvenir de l'entrée de Notre-Seigneur Jésus-Christ, et le jour de l'Exaltation de la sainte Croix, en souvenir de ce que fit Héraclius. Depuis longtemps les Musulmans la tiennent complètement murée, parce que, d'après eux, une prophétie annonce que les Francs entreront un vendredi par cette porte et s'empareront encore une fois de la ville sainte.

C'est à cette porte que saint Pierre guérit le boiteux de naissance. « Pierre et Jean montaient au temple pour la prière de la neuvième heure. Or, il y avait un homme boiteux dès le sein de sa mère, qu'on apportait tous les jours à la porte du temple qu'on appelait autrefois la Belle Porte, pour demander l'aumône à ceux qui entraient dans le lieu saint. En voyant arriver saint Pierre et saint Jean, cet homme les pria de lui donner quelque chose. Alors Pierre, arrêtant sa vue sur ce pauvre, avec saint Jean, lui dit : Regardez-nous. Il les regarda attentivement, espérant recevoir une riche aumône. Mais Pierre lui dit : Je n'ai ni or, ni argent ; mais ce que j'ai, je vous le donne : Au nom de Jésus de Nazareth, levez-vous et marchez. Puis il le prit par la main, le souleva, et aussitôt les plantes et les os des pieds du malade s'affermirent et, se levant aussitôt, il se tint debout sur ses pieds et commença à marcher. Il entra avec eux dans le temple en marchant, en sautant et en bénissant Dieu. Tout le monde le vit marcher et l'entendit louer Dieu. Tous, à la vue de ce miracle, furent remplis d'admiration et d'étonnement et entourèrent saint Pierre pour avoir des explications sur cette merveille. O Israélites, leur dit saint Pierre, pourquoi vous étonnez-vous et pourquoi nous regardez-vous comme si c'était par notre vertu ou par notre puissance que nous eussions fait marcher ce boiteux ? C'est la puissance de Jésus, que vous avez livré à Pilate, que vous avez fait mourir, mais que Dieu a ressuscité, qui a raffermi les pieds de cet homme que vous avez vu boiteux, et que vous connaissez, et c'est par la foi au nom de Jésus que fut opéré, en votre présence, le miracle d'une si parfaite guérison. » (Act. des Ap., ch. III.)

VII

Bethléem — St-Jean-in-Montana

Quel nom se trouve encore sous ma plume aujourd'hui ! Je suis dans la ville de David, établi dans la grande maison de Dom Belloni, située à l'extrémité ouest de la ville, et je dois passer 24 heures dans ce lieu béni. La distance de Jérusalem à Bethléem n'est que de huit à dix kilomètres, mais le voyage est agréable. D'abord le chemin est bon et facile ; ensuite il est plein de souvenirs bibliques. C'est le chemin que suivit Jacob en revenant de Mésopotamie, et où il eut la douleur de perdre Rachel, son épouse bien-aimée, qui mourut à Ephrata, en donnant le jour à Benjamin. C'est le chemin qu'ont suivi Marie et Joseph, quelques jours avant Noël, et que suivirent les Mages quelque temps après.

La chaleur était extrême au moment du départ. Habach, mon drogman, me présente un âne géant ; je l'enfourche bravement et l'animal part comme un trait. C'était la première fois que je montais un âne, et j'étais content de faire ainsi le voyage de Bethléem.

Après avoir franchi une montagne en quittant Jérusalem, on rencontre, près d'un village, une citerne, appelée le puits des Mages. C'est là, dit-on, que l'étoile miraculeuse, qui avait conduit les Mages d'Orient à Jérusalem, où elle avait disparu, brilla de nouveau à leurs yeux, les précéda, et ne s'arrêta qu'au-dessus de la maison où était l'Enfant Jésus, qu'ils venaient adorer. Un peu plus loin, se trouve le rocher sur lequel le prophète Elie, fuyant la colère de Jézabel, s'était endormi à l'ombre d'un genévrier. L'ange du Seigneur l'éveilla et lui dit : Lève-toi et mange. En s'éveillant, Elie vit près de lui un pain cuit sous la cendre et un vase d'eau ; il mangea, il but et se rendormit. L'ange revint, le toucha et lui dit : Lève-toi et mange, car il te reste un grand chemin à faire. Elie se leva, il mangea et but et, fortifié par cette nourriture miraculeuse, il marcha pendant quarante jours et quarante nuits jusqu'à Horeb, la montagne de

Dieu. (III Liv. des Rois, ch. XIX.) Le rocher porte encore l'empreinte du corps du prophète. Près de là aussi, se trouve l'endroit où l'ange rencontra le prophète Habacuc, portant à manger à ses moissonneurs. Portez ce dîner à Babylone, dit l'ange au prophète, et donnez-le à Daniel dans la fosse aux lions. Mais, dit le prophète, je ne connais pas Babylone et je ne sais où est cette fosse. Alors l'ange le prit par les cheveux et le transporta avec la vitesse d'un esprit à Babylone et le mit au-dessus de la fosse. Habacuc s'écria : Daniel, serviteur de Dieu, recevez le dîner que Dieu vous envoie. (Daniel, ch. XIV.) En entendant la voix du prophète, Daniel s'écria : O Dieu, vous vous êtes souvenu de moi et vous n'avez pas abandonné ceux qui vous aiment. Il se leva et mangea. L'ange du Seigneur remit aussitôt Habacuc dans le lieu où il l'avait pris.

Daniel, captif à Babylone, avait obtenu les principales charges du royaume et était le commensal habituel du roi. Or, un jour, Nabuchodonosor lui dit : Pourquoi n'adorez-vous pas Bel, notre Dieu ? Daniel répondit : J'adore le Dieu vivant qui a créé le ciel et la terre et qui est le Maître de tout ce qui a vie et je refuse mes adorations aux idoles faites de la main des hommes. — Quoi, dit le roi, pensez-vous que Bel n'est pas vivant ? Ne voyez-vous pas tout ce qu'il mange et tout ce qu'il boit chaque jour? Chaque jour, en effet, on offrait sur son autel douze mesures de farine, quarante brebis et six grands vases de vin. — Ne vous faites pas illusion, ô roi, dit Daniel, en souriant, Bel ne peut pas manger, car il n'est que terre, revêtu d'airain. Le roi, furieux, demanda aux prêtres de l'idole de lui dire si oui ou non Bel dévorait ce qu'on lui offrait. Si ce n'est pas lui, dit-il, je vous ferai tous mettre à mort ; dans le cas contraire, c'est Daniel qui mourra, puisqu'il a osé blasphémer contre notre Dieu. Qu'il soit fait selon votre parole, ô roi, dit Daniel. De leur côté les prêtres de Bel dirent : Faites servir vous-même, ô roi, en notre absence, ce qu'on dépose habituellement sur la table de Bel, puis fermez la porte et scellez-la de votre sceau, et, demain, si Bel n'a pas mangé son offrande, nous consentons à mourir. Mais Daniel, qui accompagnait le roi, fit répandre avec un crible de la cendre sur le pavé du temple. On ferma les portes et le roi y apposa son cachet. Le lendemain matin, Daniel et le roi arrivèrent au temple et, après avoir constaté que les scellés étaient intacts, on ouvrit la porte. En voyant la table débarrassée de tout ce qu'on y avait mis, le roi s'écria : Vous êtes grand, ô Bel, et il n'y a pas de supercherie dans votre culte. Daniel se mit à rire et dit au roi : Examinez le pavé ; quelles sont les traces que vous voyez ? Je vois, dit le roi, la trace de pas d'hommes, de femmes et d'enfants. Sous l'autel on découvrit une entrée secrète et un souterrain par lesquels les prêtres de l'idole, au nombre de 70, venaient enlever le vin et les viandes dont on chargeait l'autel. En découvrant cette ruse, le roi, justement indigné, fit mettre à mort tous les imposteurs et permit à Daniel de renverser l'idole et son temple.

Il y avait aussi dans la ville un grand dragon, qui recevait les adorations du peuple. — Vous ne pouvez pas dire, dit le roi à Daniel, que celui-ci n'est pas un Dieu vivant, adorez-le donc. — J'adore le Seigneur, mon Dieu, dit Daniel, parce que c'est lui qui est un Dieu vivant. Celui-ci n'est pas un Dieu vivant, car, si vous le permettez, je le ferai mourir, sans employer ni l'épée, ni le bâton. — Faites, dit le roi. — Alors, Daniel prit de la poix, de la graisse et du poil ; il fit cuire le tout ensemble, en forma des boulettes, les fit avaler au dragon, qui en creva. Voilà ce que vous adoriez, dit Daniel au roi.

Les Babyloniens, voyant le dragon mort, Bel et son temple détruits, entrèrent dans une grande fureur et demandèrent au roi la tête de Daniel. Si vous ne nous le livrez, dirent-ils, nous nous révolterons contre vous et nous vous mettrons à mort avec toute votre famille. Le roi, effrayé, leur abandonna Daniel et le fit jeter dans la fosse aux lions. Dans cette fosse, il y avait sept gros lions à qui on donnait chaque jour pour nourriture deux corps d'hommes et deux brebis, mais ce jour-là on ne leur donna rien afin qu'ils dévorassent Daniel.

Sept jours après la condamnation de Daniel, le roi vint à la fosse aux lions pour le pleurer, et voyant qu'il était vivant, il s'écria : Vous êtes grand, ô Seigneur, Dieu de Daniel ! Il délivra Daniel et fit jeter ses ennemis aux lions, qui les dévorèrent aussitôt. Alors le roi dit : Que tous révèrent avec frayeur le Dieu de Daniel, parce que c'est lui qui est le Sauveur, qui fait des prodiges et des merveilles sur la terre et qui a délivré Daniel de la fosse des lions !

On traverse ensuite le champ qui, dit-on, a produit les lentilles pour lesquelles Esaü vendît son droit d'aînesse à son frère Jacob. Jacob, pour son dîner, avait préparé un plat de lentilles, quand Esaü, rentrant de la chasse, exténué de fatigue et de faim, lui dit : Donne-moi, je t'en prie, ce plat de lentilles, car j'ai extrêmement faim et je ne puis attendre plus longtemps. Je te le donnerai volontiers, dit Jacob, si en retour tu me cèdes ton droit d'aînesse. Esaü y consentit trop légèrement, et s'en repentit, mais inutilement, dans la suite. (Genèse, ch. XXV.)

Bientôt, on rencontre, à droite, le tombeau de Rachel ; c'est une petite mosquée qui n'a rien de remarquable. On éprouve là un sentiment de douloureuse compassion et on partage la douleur et le chagrin de Jacob voyant expirer sa chère Rachel.

Nous arrivons enfin à Bethléem, maison du pain, et, après une courte halte pour attendre les retardataires et grouper la caravane, on se met en procession pour se rendre à la grotte de la Nativité, située à l'autre extrémité de la ville. Mais voici de la musique. C'est la fanfare de l'Institution de dom Belloni, qui se met à notre tête et qui nous conduit à travers la ville en chantant les airs français si connus : « Pitié, mon Dieu » et « Les Anges dans nos campagnes. » Le cœur était bien ému et on cherchait dans la vallée si on ne verrait point quelque apparition céleste. Nos anges ne se rendirent pas visibles, l'étoile ne brilla pas au firmament, mais, sous la conduite de nos directeurs expérimentés, nous arrivâmes bientôt à la grotte.

A peine étions-nous arrivés à l'église de Ste-Catherine, élevée au-dessus de l'étable, qu'un Père Franciscain nous lit à haute voix le martyrologe de la fête de Noël. On est saisi quand on entend ces paroles : Jésus-Christ, Dieu Eternel, Fils du Père Eternel, conçu par l'opération du Saint-Esprit, naquit à Bethléem, ville de Juda, de la Vierge Marie, s'étant fait homme. Bientôt, on descend dans la grotte et la piété peut se donner libre essor.

Malheureusement, ici encore, on a changé l'aspect des lieux. La grotte, qui, primitivement, avait ouverture de plain pied sur le chemin et la campagne, n'est plus accessible maintenant, à cause de la construction de l'église et des couvents, que par un escalier étroit de seize marches. Ses parois sont revêtues de marbre et de tapis, qui l'embellissent sans doute, mais qui néanmoins font regretter sa nudité première. Malgré tout, en pénétrant dans cette grotte, on respire à peine et on est ému jusqu'aux larmes quand on lit, sous un petit autel qu'on trouve à gauche au bas de l'escalier, cette inscription : *Hic Jesus Christus natus est de Maria Virgine.* C'est ici que Jésus-Christ naquit de la Vierge Marie. On se prosterne, on adore, on baise avec respect les rayons de cette étoile d'argent qui indique le lieu précis de la naissance de Notre-Seigneur Jésus-Christ. A quelques mètres plus loin, la grotte forme un petit renfoncement, jadis occupé par la crèche, où l'Enfant Jésus, enveloppé de langes, fut couché sur la paille. « A cette époque, César-Auguste publia un édit prescrivant le dénombrement de tous les sujets de son Empire, et chacun devait aller se faire inscrire dans sa ville originelle. Joseph donc, avec Marie, son épouse, qui était enceinte, partit de Nazareth, ville de Galilée, et vint en Judée, dans la ville de David, appelée Bethléem, parce qu'il était de la maison et de la famille de David. Or, pendant qu'ils étaient là, le temps où Marie devait accoucher arriva. Elle mit au monde son fils premier-né, l'enveloppa de langes et le coucha dans une crèche, parce qu'ils n'avaient pu trouver de place dans l'hôtellerie. » (St Luc, ch. II.) La crèche, premier berceau de Jésus, n'est plus à Bethléem : les bois en ont été transportés à Rome, où je les ai vénérés dans l'église de Ste-Marie-Majeure. A la place de la crèche, il y a un autel, appelé l'autel des Mages, parce que c'est là qu'ils adorèrent l'Enfant Jésus et lui offrirent leurs présents. « Jésus étant né à Bethléem, ville de Juda, aux jours du roi Hérode, des Mages vinrent de l'Orient à Jérusalem, et demandèrent : Où est le Roi des Juifs qui vient de naître ? Car nous avons vu son étoile en Orient, et nous sommes venus pour l'adorer. A cette nouvelle, le roi Hérode se troubla, et toute la ville de Jérusalem avec lui. » Deux partis se formèrent aussitôt avec des pensées, des espérances et des craintes différentes. Les uns se disaient : Serait-ce le Messie, qui doit rétablir le royaume d'Israël ? Ne semble-t-il pas en effet que les temps annoncés sont arrivés ? Allons-nous être enfin délivrés de la domination des étrangers ? L'espérance les rendait heureux et joyeux. Hérode, au contraire, avec toute sa cour et ses partisans, fut saisi d'inquiétude et de crainte. Un roi qui vient de naître dans mes états, sans que je le sache ! Quel est ce mystère ? Quel peut bien être ce roi ? Mon trône serait-il menacé ? Mon empire toucherait-il à ses derniers instants ? Mes fils seraient-ils exclus de l'héritage de leur père ? La situation est critique et exige beaucoup de souplesse et d'habileté. Soyons prudent, prenons des précautions et tâchons de prévenir le danger.

« Ayant rassemblé tous les Princes des prêtres et les Docteurs du peuple, il leur demanda où devait naître le Christ. Ils lui répondirent : A Bethléem, ville de Juda, selon ce qui a été écrit par le Prophète : Et toi, Bethléem, ville de Juda, tu n'es pas la moindre entre les principales villes de Juda, car c'est de toi que sortira le chef qui doit gouverner mon peuple d'Israël. Alors Hérode prit les Mages en particulier, s'enquit d'eux avec soin du temps auquel l'étoile leur était apparue, et, les envoyant à Bethléem, il leur dit : Allez, informez-vous exactement de cet enfant, et lorsque vous l'aurez trouvé, faites-le moi savoir, afin que moi-même j'aille aussi l'adorer. Après avoir entendu ces paroles du roi, ils partirent ; et en même temps l'étoile qu'ils avaient vue en Orient, se montrant de nouveau, allait devant eux, jusqu'à ce qu'étant arrivée sur le lieu où était l'enfant, elle s'y arrêta. Lorsqu'ils virent l'étoile, ils furent transportés d'une grande joie, et, étant entrés dans la maison, ils trouvèrent l'enfant avec Marie sa mère, et, se prosternant, ils l'adorèrent. Puis, ouvrant leurs trésors, ils lui offrirent pour présents de l'or, de l'encens et de la myrrhe ; et, ayant reçu en songe un ordre du ciel de ne point aller retrouver Hérode, ils retournèrent dans leur pays par un autre chemin. »

La grotte, qui peut avoir quinze à vingt mètres de long et quatre de large, ne renferme que ces deux autels : celui de la Nativité, qui appartient aux schismatiques, et celui des Mages, qui appartient aux catholiques.

Je vins plusieurs fois à l'autel de la Nativité et sur le seuil de la crèche, et je restai longtemps à prier et à méditer. Je me plaisais à repasser dans mon esprit, à la lueur des lampes qui répandent un demi-jour dans ce souterrain inaccessible à la lumière du jour, tous les mystères qui se sont accomplis dans cette étable, toutes les scènes dont elle fut le théâtre : Marie et Joseph méconnus et repoussés ; Jésus, le Fils éternel de Dieu, petit enfant et couché sur la paille ; les bergers, avertis par les anges et amenés à l'étable par la curiosité, puis des groupes venant, sur le témoignage des bergers, adorer le Messie ; les Mages avec leurs présents symboliques ; enfin, les satellites d'Hérode, cherchant l'enfant pour le faire mourir et massacrant à sa place les Saints Innocents.

Nous venions de loin nous aussi, du fond de l'Occident, pour adorer l'Enfant-Dieu, et nous n'avions à lui offrir pour présents que nos cœurs, que nos âmes sacerdotales, que les cœurs de nos paroissiens, que les cœurs de nos parents et de nos amis. J'étais là comme un ambassadeur et je représentais des personnes qui m'étaient bien chères et vers qui se portaient mes pensées et mes vœux. Puisse Dieu avoir exaucé mes prières et les faire croître toujours dans la justice et dans son amour !

Au fond de la grotte, à l'ouest, une petite porte donne accès dans la grotte dite de St-Joseph. C'est là que reposait le chaste époux de Marie quand l'ange lui dit : « Levez-vous, prenez l'Enfant et sa Mère, fuyez en Egypte et n'en sortez point que je ne vous le dise, car Hérode va chercher l'Enfant pour le faire mourir. Joseph se leva, prit l'Enfant et sa Mère pendant la nuit et se retira en Egypte, où il resta jusqu'à la mort d'Hérode. » (St Math., ch. II.)

Tout à côté de cette grotte, se trouve la chapelle des Saints-Innocents. « Hérode, se voyant frustré des indications précises qu'il attendait des Mages et ne pouvant mettre sûrement la main sur celui qu'il voulait perdre, entra dans une grande colère et prit la résolution de faire mourir tous les enfants qui se trouvaient à Bethléem et dans les environs, espérant que son ennemi ne lui échapperait pas. Il envoya donc des satellites, qui égorgèrent tous les enfants âgés de deux ans et au-dessous, se conformant aux renseignements que le roi avait reçus des Mages sur l'apparition de l'étoile. » (St Math., ch. II.) La tradition dit que, pour échapper aux soldats d'Hérode, les jeunes mères s'étaient réfugiées dans ces souterrains avec leurs enfants, mais qu'elles y furent découvertes et leurs enfants massacrés et ensevelis. — Dans d'autres grottes ou compartiments contigus à ceux-là, se trouvent le tombeau de saint Jérôme, ceux de sainte Paule et

Eustochie, sa fille, de saint Eusèbe, et l'oratoire de saint Jérôme, où j'ai dit la sainte messe.

A la messe solennelle, célébrée dans la grande église de Sainte-Catherine, on chanta à l'orgue les cantiques : Minuit, chrétiens, et : Il est né le divin Enfant. Ces cantiques, si beaux en eux-mêmes, si naïfs et qu'on aime toujours à redire et à entendre, revêtent un caractère particulier à Bethléem et impressionnent plus que partout ailleurs. A Bethléem, à la grotte, c'est toujours Noël, et toutes les messes qu'on y dit, c'est la messe de Noël.

Je m'étais levé de grand matin ce jour-là et il faisait à peine clair quand j'arrivai à l'étable. Quand j'en sortis, le soleil était levé depuis longtemps et il faisait sentir tout le poids de sa chaleur ; néanmoins nous partons pour le champ des pasteurs. En passant, nous faisons une petite station à la grotte du lait, fort fréquentée par les jeunes mères de la contrée. Là, en partant pour l'Egypte, Marie avait allaité son divin fils, et les jeunes mères viennent y demander de pouvoir nourrir leurs nouveau-nés. — Ensuite, nous descendons la côte par un sentier affreux, et bientôt nous apercevons les ruines d'une église bâtie autrefois sur l'emplacement de la maison de saint Joseph. Après avoir traversé le village des pasteurs, où l'eau d'une citerne aurait monté jusqu'à la margelle pour permettre à la Sainte Vierge d'étancher sa soif, nous entrons dans le champ de Booz, où Ruth, la Moabite, alla glaner. On aime à se rappeler, sur place, l'épisode touchant et le dévouement de cette bru modèle, qui quitte son pays et ses parents pour rendre à sa belle-mère, pauvre et âgée, tous les devoirs de la piété filiale. Ruth épousa Booz, parent de son premier mari défunt, un des hommes les plus riches de la contrée, et devint la trisaïeule de David et par conséquent une des ancêtres de Notre-Seigneur Jésus-Christ.

Mais voici une propriété avec de grands arbres, entourée d'un mur en pierres sèches. C'est là que se trouvaient les bergers quand l'Ange leur apparut. « Il y avait dans les environs de Bethléem des bergers qui passaient la nuit dans les champs, et qui veillaient tour à tour à la garde de leur troupeau. Tout à coup un Ange du Seigneur leur apparut, et une clarté céleste les environna : ce qui leur causa une extrême frayeur. Alors l'Ange leur dit : Ne craignez point, car je viens vous annoncer une nouvelle qui sera pour tout le peuple le sujet d'une grande joie ; car aujourd'hui, dans la ville de David, il vous est né un Sauveur, qui est le Christ, le Seigneur. Et vous le reconnaîtrez à cette marque : vous trouverez un enfant enveloppé de langes et couché dans une crèche. Au même instant, une troupe nombreuse d'Esprits célestes se joignit à l'Ange, et louait Dieu en disant : Gloire à Dieu dans le ciel, et paix sur la terre aux hommes de bonne volonté !

Les bergers se dirent les uns aux autres : Allons jusqu'à Bethléem, et voyons ce qui est arrivé, ce que le Seigneur vient de nous faire annoncer. Ils se hâtèrent donc d'y aller ; et ils trouvèrent Marie et Joseph avec l'Enfant couché dans une crèche. Ils reconnurent à cette vue la vérité de ce qui leur avait été dit touchant cet Enfant, et tous ceux qui en entendirent parler admirèrent ce que les bergers leur racontaient. Cependant Marie conservait le souvenir de toutes ces choses, et les méditait dans son cœur. Les bergers s'en retournèrent, en glorifiant et en louant Dieu de tout ce qu'ils avaient vu et entendu, selon qu'il leur avait été annoncé. »

Le champ des pasteurs est à peu près à 3 kilomètres de Bethléem. On est fatigué de la marche sur des sentiers rocailleux et sous les rayons brûlants du soleil ; mais peut-on rester silencieux ? On entonne avec enthousiasme et on chante avec entrain : *Gloria in excelsis Deo ; Les Anges dans nos campagnes.* Vous admirez ces chants le jour de Noël, à la messe de minuit, dans nos églises de France. Mais allez à Bethléem, rendez-vous au champ des pasteurs, et votre admiration redoublera, et vous goûterez tout le charme de ce chant divin, de ces cantiques si populaires.

C'est en revenant du champ des pasteurs à Bethléem que la ville se montre dans toute sa beauté. Quel site charmant ! et comme elle est agréablement assise en amphithéâtre sur ses collines ! A l'ouest, la grande maison de Dom Belloni et, à l'est, le couvent et l'église de la Nativité forment comme les deux ailes un peu avancées de la ville. Il est à peine dix heures, mais la chaleur est si forte, le chemin si montant que le pauvre abbé Ithier, un de nos compagnons de marche, est obligé de s'asseoir pour respirer et reprendre haleine.

Bethléem (Ephrata, fructueuse), est située à 846 mètres audessus du niveau de la Méditerranée, sur une montagne environnée de collines fertiles, plantées d'arbres et de vignes. Sa fondation se perd dans la nuit des temps, car il en est fait mention 1740 ans avant Jésus-Christ. Bethléem est la patrie de David; c'est dans ses champs qu'il gardait les troupeaux de son père. Au temps des Croisades, Bethléem devint le siège d'un évêché. En 1834, Ibrahim-Pacha fit raser un quartier de la ville et, depuis cette époque, Bethléem ne fut plus fortifiée.

Après un dernier adieu à la sainte grotte, nous regagnâmes notre hôtellerie. Mais une noce de Grecs schismatiques sortait de l'église et suivait la même rue que nous pour retourner à la maison nuptiale. Le clergé, en chape et précédé de la croix, reconduit les jeunes époux à la maison. Mais quels chants, quelles danses s'exécutent devant les époux ! Des hommes nombreux battent des mains, se balancent de droite à gauche en nasillant un air assez monotone ; c'est une pantomime, une fantasia très animée et très originale. De temps en temps on asperge d'une eau parfumée les époux et les assistants, et cette aspersion redouble l'activité et ranime les chants. L'époux marche en avant, escorté par ses amis ; l'épouse le suit, entourée de ses filles d'honneur et de ses proches. Elle est ombragée par un riche parasol qu'on tient au-dessus d'elle, et porte sur la tête une énorme couronne de fleurs naturelles : c'est très odorant ; mais ça doit être bien lourd et bien chaud.

St-Jean-in-Montana. — Nous retournons à Jérusalem par St-Jean de la montagne, où nous ne faisons qu'une courte halte. Près du tombeau de Rachel, on prend un chemin à gauche et on traverse la plaine où campait l'armée de Saül quand David, envoyé par son père, portant des provisions à ses frères, soldats de Saül, apprit le défi de Goliath et résolut de combattre cet audacieux Philistin.

En arrivant au village, nous nous rendons immédiatement au lieu de la Visitation. Marie, ayant appris de l'Ange qu'Elisabeth, sa cousine, allait avoir un fils malgré sa stérilité et son âge avancé, se hâta d'aller la féliciter et de remercier Dieu avec elle des faveurs qu'il leur accordait à l'une et à l'autre. « En entrant dans la maison de Zacharie, elle salua Elisabeth. Aussitôt qu'Elisabeth eut entendu la voix de Marie qui la saluait, son enfant tressaillit dans son sein; elle fut remplie du Saint-Esprit, et, élevant la voix, elle s'écria : Vous êtes bénie entre toutes les femmes, et le fruit de vos entrailles est béni ; et d'où me vient ce bonheur, que la mère de mon Seigneur daigne venir à moi ? car votre voix n'a pas plus tôt frappé mes oreilles quand vous m'avez saluée, que mon enfant a tressailli de joie dans mon sein. Vous êtes heureuse d'avoir cru ! car tout ce qui vous a été annoncé de la part du Seigneur s'accomplira. Alors Marie dit ces paroles : Mon âme glorifie le Seigneur, et mon esprit est ravi de joie en Dieu mon sauveur. (St Luc, ch. I.)

Le *Magnificat* est la seule, la vraie prière qu'on peut faire en ce lieu. Aussi, le chant de cet admirable et immortel cantique retentit aussitôt sous les voûtes de la chapelle et dans la cour du couvent, bâtis en cet endroit. On montre là un fragment du rocher qui se serait amolli pour cacher le petit saint Jean et le soustraire à la cruauté des soldats d'Hérode.

Dans cette demeure, à la place du prêtre Zacharie, nous trouvons un vieux soldat de notre roi Louis-Philippe. Ce brave homme, gardien de la maison, et qui a conservé, sous le froc de saint François, sa tenue et ses allures militaires, a un langage à lui et nous égaye par ses bons mots et ses originalités.

A l'autre extrémité du village, se trouvent l'église et le couvent des Pères Franciscains. L'église occupe l'emplacement de la maison de Zacharie et couvre la crypte où le Précurseur est né. Quels mystères encore ici ! « Le temps où Elisabeth devait enfanter étant arrivé, elle mit au monde un fils. Ses voisins et ses parents, ayant appris que le Seigneur avait fait éclater sa miséricorde sur elle, l'en félicitaient. Le huitième jour, ils vinrent pour circoncire l'enfant, et ils voulaient le nommer Zacharie, du nom de son père. Mais sa mère, prenant la parole, leur dit : Non, il s'appellera Jean. Ils lui répondirent : Il n'y a personne dans votre famille qui porte ce nom. Ils firent alors signe au père de l'enfant d'indiquer comment il voulait qu'on le nommât, car Zacharie était muet depuis quelque temps. Un jour, en effet, qu'il remplissait dans le temple les fonctions de son ministère et qu'il offrait l'encens sur l'autel, l'Ange du Seigneur lui apparut. A sa vue, Zacharie fut troublé et saisi d'une grande crainte. Ne craignez point, lui dit l'Ange, car vos prières sont exaucées et Elisabeth, votre épouse, vous donnera un fils que vous appellerez Jean. Vous serez alors dans la joie et le ravissement, et plusieurs se réjouiront de sa naissance. Cet enfant sera grand devant le Seigneur, il ne boira ni vin, ni rien de ce qui peut enivrer, et il sera rempli de l'Esprit-Saint dès le sein de sa mère. Il convertira plusieurs enfants d'Israël au Seigneur leur Dieu, et il marchera devant lui dans l'esprit et dans la vertu d'Elie pour réunir le cœur des parents avec leurs fils, pour rappeler les désobéissants à la prudence des justes, et préparer au Seigneur un peuple parfait. — Comment, dit Zacharie, pourrais-je ajouter foi à ces paroles ? Quel signe me donnez-vous pour que je puisse en reconnaître la vérité ? Je suis vieux et mon épouse est avancée en âge. — L'Ange lui répondit : Je suis Gabriel, qui me tiens toujours devant Dieu. J'ai été envoyé pour vous annoncer cette heureuse nouvelle. Le signe que je vous donne de cette vérité, c'est que vous serez muet et que vous ne pourrez plus parler jusqu'au jour où arrivera ce que je viens de vous annoncer, parce que vous avez été incrédule à ma parole, qui s'accomplira en son temps. Zacharie demanda des tablettes, et il y écrivit : Jean est le nom qu'il doit avoir ; ce qui les remplit tous d'étonnement. Au même instant, sa bouche s'ouvrit, sa langue se délia, et il parlait en bénissant Dieu. Tous ceux du voisinage furent saisis de crainte : et le bruit de ces merveilles se répandit dans tout le pays des montagnes de Judée. Tous ceux qui en entendirent parler les considéraient avec attention, et disaient : Que pensez-vous que sera cet enfant ? car la main du Seigneur a paru sur lui. Au même instant, Zacharie son père fut rempli du Saint-Esprit, et il prophétisa en disant : Béni soit le Seigneur, le Dieu d'Israël, qui a daigné visiter et racheter son peuple ! Et toi, petit enfant, tu seras appelé le prophète du Très-Haut ; tu marcheras devant le Christ pour préparer la voie au Messie que nous attendons. » (St Luc, ch. I.)

Après une petite collation, gracieusement offerte et acceptée avec reconnaissance, nous reprenons le chemin de Jérusalem. D'abord, mon âne paresse et n'avance qu'à regret ; enfin, excité par un moukre, il part au galop. Son exemple encourage les autres : deux plus petits, montés également par des prêtres, suivent le mien et rivalisent de vitesse et de bonne volonté, et nous arrivons à fond de train à la porte de Jaffa. Nous étonnons par notre course les séminaristes grecs en promenade près de leur établissement, à l'endroit où fut coupé l'arbre dont on fit la croix de Jésus. En arrivant à la ville, nos ânes étaient tellement lancés qu'ils ne voulaient pas s'arrêter. Nous riions de bon cœur et nous avions le plaisir d'égayer tous ceux qui nous voyaient.

VIII

Jéricho — Le Jourdain — La Mer Morte

Jéricho (ville des palmiers) est la première des villes de la Palestine qui tomba au pouvoir des Hébreux, après le passage du Jourdain. Sur l'ordre de Dieu, Josué fit faire le tour de la ville pendant six jours consécutifs, par toute l'armée, précédée de l'Arche d'alliance. Le septième jour, on fit sept fois le tour de la ville dans le même ordre, et, au son des trompettes sacrées et des acclamations du peuple, les murailles s'écroulèrent d'elles-mêmes. Tous les habitants furent passés au fil de l'épée, à l'exception de Rahab et de sa famille, parce que cette femme avait sauvé les hommes que Josué avait envoyés reconnaître les lieux.

Notre-Seigneur Jésus-Christ visita plusieurs fois Jéricho et y fit plusieurs miracles. « Un jour qu'il traversait la ville, entouré d'une grande multitude, Zachée, homme riche et chef des publicains, excité par tout ce qu'il avait entendu dire de Jésus, désirait le voir et le connaître. Mais comme il était de petite taille et que la foule l'en empêchait, il courut en avant, et monta sur un sycomore pour voir Jésus, qui devait passer par cet endroit. Jésus, y étant arrivé, leva les yeux, et, l'ayant vu : Zachée, lui dit-il, descendez promptement, parce qu'il faut que je loge aujourd'hui chez vous. Zachée descendit aussitôt, et le reçut avec joie. Tous ceux qui le virent disaient en murmurant : Il est allé loger chez un pécheur. Cependant Zachée, se présentant devant le Seigneur, lui dit : Seigneur, je vais donner la moitié de mes biens aux pauvres ; et si j'ai fait tort à quelqu'un en quoi que ce soit, je lui rendrai quatre fois autant. Jésus lui dit alors : Cette maison a reçu aujourd'hui le salut, parce que celui-ci est aussi enfant d'Abraham. Car le Fils de l'homme est venu pour chercher et pour sauver ce qui était perdu. »

« Il y avait aussi à la porte de Jéricho, un aveugle, qui, assis sur le bord du chemin, demandait l'aumône aux passants. Cet homme, entendant le bruit d'une foule en marche, demanda ce que ce bruit signifiait, et on lui dit que c'était Jésus de Nazareth qui passait. Alors il se mit à crier : Jésus, fils de David, ayez pitié de moi ! Ceux qui étaient près de lui le reprenaient de manquer ainsi de convenance et de respect pour le Maître, et le priaient de garder le silence. Lui, au contraire, criait encore beaucoup plus fort : Jésus, fils de David, ayez pitié de moi ! En l'entendant, Jésus s'arrêta et commanda qu'on le lui amenât. Quand il fut près de lui, il lui dit : Que voulez-vous de moi ? Seigneur, répondit l'aveugle, faites que je voie. Jésus lui dit : Voyez, votre foi vous a sauvé ! L'aveugle vit au même instant, et il suivit Jésus en rendant gloire à Dieu, et avec lui tous ceux qui avaient été témoins de ce miracle. (St Luc, ch. XVIII.)

Tout près de Jéricho, se trouve la montagne de la Quarantaine, où Jésus se retira après son baptême pour se préparer à sa mission dans le jeûne et la prière, et où le démon vint le tenter. « Après avoir jeûné pendant quarante jours et quarante nuits, Jésus eut faim. Alors le tentateur, s'approchant, lui dit : Si vous êtes le Fils de Dieu, ordonnez que ces pierres deviennent des pains. Jésus lui répondit : Il est écrit : L'homme ne vit pas seulement de pain, mais de toute parole qui sort de la bouche de Dieu. Alors le démon le transporta dans la ville sainte, et, l'ayant placé sur le haut du temple : Si vous êtes le Fils de Dieu, lui dit-il, jetez-vous en bas ; car il est écrit : Il a commandé à ses Anges de veiller sur vous, et ils vous porteront entre leurs mains, de peur que vous ne heurtiez votre pied contre la pierre. Jésus lui répondit : Il est encore écrit : Vous ne tenterez pas le Seigneur votre Dieu. Le démon le transporta encore sur une montagne très élevée, et, lui montrant de là tous les royaumes du monde avec toute leur gloire, il lui dit : Je vous donnerai tout cela, si, en vous prosternant, vous m'adorez. Mais Jésus lui dit : Retire-toi, Satan ; car il est écrit : Vous adorerez le Seigneur votre Dieu, et vous ne servirez que lui seul. Alors le démon s'éloigna, et aussitôt les Anges s'approchèrent, et ils le servaient. »

Jéricho, qui fut autrefois un séjour royal, n'est plus aujourd'hui qu'un misérable village composé de quelques cabanes et habité par 300 individus à l'aspect farouche et sauvage. Jéricho fut maudit et il ne doit jamais être rebâti.

Il était une heure de l'après-midi, quand, le 18 mai, nous nous mîmes en marche pour Jéricho. La chaleur était intolérable, et, à la porte de Jaffa, nous eûmes quelques difficultés avec Carlos, le drogman ; nous voulions des chevaux et il ne nous présentait que des ânes. Je tins bon plus longtemps et j'eus un bon cheval. En arrivant au jardin des Oliviers, après avoir contourné la ville au nord, on fit halte pour grouper la caravane ; mais le soleil était si brûlant qu'on ne pouvait tenir en place. Dieu eut pitié de nous : un nuage épais vint subitement couvrir le ciel. Nous ne brûlions plus, mais le tonnerre commença à gronder et nous pouvions craindre une averse semblable à celle de Ramallah ; nous n'eûmes cependant que quelques gouttes de pluie. Le soleil resta longtemps voilé, mais la température ne fraîchit pas. De Jérusalem à Jéricho, il n'y a que des montagnes, des rochers dénudés et, qui, chauffés par un soleil de 40 à 50 degrés, renvoient une chaleur semblable à celle d'une plaque de fer rougie au feu. Le long du chemin, on ne rencontre qu'une fontaine, dite la fontaine des apôtres, dont l'eau tiède n'est pas agréable, et le kan du bon Samaritain. « Un homme descendant de Jérusalem à Jéricho, tomba entre les mains de voleurs, qui le dépouillèrent, le couvrirent de plaies, et s'en allèrent, le laissant à demi-mort. Or, il arriva qu'un prêtre allait par le même chemin ; il vit cet homme, et passa outre. Un lévite, étant venu près de là, le vit aussi, et passa de même. Mais un Samaritain, qui voyageait, vint à passer près de cet homme, et, l'ayant vu, fut touché de compassion. S'étant approché, il versa de l'huile et du vin sur ses plaies, et les pansa ; il le mit ensuite sur son cheval, et le conduisit dans une hôtellerie où il prit soin de lui. Le lendemain, il tira de sa bourse deux deniers et les donna au maître de l'hôtellerie, en lui disant : Ayez soin de cet homme, et tout ce que vous dépenserez de plus, je vous le rendrai à mon retour. »

Ce kan où l'on fait halte, est vraisemblablement l'emplacement de l'hôtellerie dont parle l'Evangile. Ce kan, de construction récente, est un vaste enclos entouré de bons murs avec une galerie voûtée en entrant. Les troupeaux, les bêtes de somme parquent dans l'enceinte et les hommes couchent sous la galerie. Au milieu de la cour il y a une citerne qui contient une eau peu agréable.

Au-delà du kan, le paysage devient de plus en plus triste, la nature est horriblement tourmentée ; une aridité extraordinaire, des rochers abrupts, des gorges étroites et profondes, et quelques grottes sur le flanc des rochers, tout cela inspirerait la frayeur si on voyageait seul. Enfin, à force de descendre (et ici encore l'expression de l'Evangile est de la plus rigoureuse exactitude : *homo descendebat*, un homme descendait de Jérusalem à Jéricho), et après un dernier casse-cou, on débouche dans la vaste plaine de Jéricho. En face de nous, le Jourdain ; à droite, à une grande distance encore, la Mer Morte, et un peu à gauche, Jéricho. Le soleil était couché déjà et les ombres de la nuit, qui s'étendaient épaisses et rapides, nous empêchaient de jouir de ce spectacle. Le vent soufflait du midi et nous respirions le feu. Le Frère Liévin, sans doute pour faire diversion et nous faire oublier la chaleur étouffante, s'arrête et dit : C'est ici que Jésus rendit la vue à l'aveugle de Jéricho. Merci, lui dis-je ; mais Sodome brûle donc encore ? Je ne sais pas, répondit-il. Enfin, nous arrivons à la grande nuit, au campement établi près de la fontaine d'Elisée.

L'eau de cette source était mauvaise autrefois et les habitants prièrent le prophète Elisée de la rendre potable. Apportez-moi, dit le prophète, un vase neuf et mettez-y du sel. Elisée alla ensuite à la fontaine et y jeta le sel en disant : Voici ce que dit Jéhovah : « J'ai purifié cette eau, et la mort et la stérilité ne sortiront plus d'elle. » (IV Liv. des Rois, ch. II.) Depuis cette époque, l'eau de la source est toujours bonne et toujours abondante. Chaque dimanche, à la bénédiction de l'eau, le prêtre rappelle ce miracle d'Elisée.

La nuit fut orageuse, mais le lendemain, le vent était changé, et la température moins élevée. A 2 h. 1/2, la trompette sonnait le réveil et à 3 h. j'étais à cheval pour le Jourdain, où nous arrivâmes vers 6 heures.

Le Jourdain (1) nous rappelle le passage miraculeux des Hébreux venant prendre possession de la Terre promise. Les prêtres portant l'Arche s'avancent dans le fleuve et aussitôt les eaux supérieures s'arrêtent, se dressent comme un mur et les eaux inférieures continuent de s'écouler avec rapidité et laissent à sec le lit du fleuve ; de sorte que les Hébreux le traversent à pied sec, comme quarante ans auparavant ils avaient passé la Mer Rouge. Il nous rappelle la prédication de saint Jean-Baptiste et le baptème de Notre-Seigneur Jésus-Christ. « Le Seigneur fit entendre sa parole à Jean, fils de Zacharie, dans le désert, et il vint dans tout le pays aux environs du Jourdain, prêchant le baptème de pénitence pour la rémission des péchés, ainsi qu'il est écrit au livre du prophète Isaïe : On entendra la voix de celui qui crie dans le désert : Préparez la voie du Seigneur, rendez droits et unis ses sentiers. Toute vallée sera remplie, et toute montagne et toute colline seront abaissées; les chemins tortueux deviendront droits et les raboteux unis; et tout homme verra le Seigneur envoyé de Dieu. Et on venait à lui de Jérusalem, de toutes les villes de la Judée et des environs du Jourdain ; on confessait ses péchés et on recevait de lui le baptême dans le Jourdain. Jésus lui-même vint de la Galilée au Jourdain pour être baptisé par Jean.

(1) Principal fleuve de la Palestine, qu'il traverse du Nord au Sud. Il prend sa source dans les montagnes d'Hermon, traverse le lac de Génésareth, et vient se jeter dans la Mer Morte, après un cours de 50 lieues environ.

Après son baptême, Jésus sortit de l'eau, et en même temps les cieux s'ouvrirent : on vit le Saint-Esprit descendre sur lui, en forme de colombe, et on entendit une voix du ciel qui disait : Celui-ci est mon Fils bien-aimé en qui j'ai mis toute mon affection. » (St Math. et St Luc.)

Mais on a dressé des autels sous la tente, d'autres à l'ombre des saules qui bordent les rives du fleuve, et quelques prêtres disent la sainte messe, que nous entendons à genoux sur l'herbe ou assis sur le sable. Les jeunes gens se baignent avec grand tapage dans le fleuve, les autres se contentent de se laver le visage et les mains et de boire quelques gorgées d'eau. Lé courant du Jourdain est très rapide, car du lac de Tibériade à la Mer Morte, pour une distance de trente lieues, il y a une pente de deux cent trente-huit mètres.

Le soleil, perçant enfin les nuages transparents qui nous servaient d'écran, nous envoie ses plus chauds rayons.

Immédiatement après déjeûner, c'est-à-dire après un verre de café noir, où une nuée de moucherons se précipite malgré moi et que j'avale sans trop de répugnance, on se met en route pour la Mer Morte, où nous arrivons après deux heures de marche.

Rien de triste comme la plaine que nous traversons : on n'y voit ni verdure, ni végétation, ni un oiseau, ni aucun être vivant : c'est le désert, la solitude, le silence de la mort. Seul, on serait effrayé de cette privation de vie et de mouvement. Quel contraste avec la fertilité d'autrefois ! Loth, en se séparant d'Abraham, jeta les yeux du côté du Jourdain, et, voyant que tout le pays, depuis ce fleuve jusqu'à Segor, paraissait un agréable séjour, il vint l'habiter. La contrée, arrosée abondamment de toute part par de nombreux ruisseaux, était fertile et riche en pâturages. C'était comme un jardin de délices, une image de l'Egypte, fertilisée par les débordements du Nil. (Genèse, ch. XIII.)

Sur les bords de la mer, des branches d'arbres, traînées par le fleuve et dépouillées de leur écorce, ressemblaient à des ossements blanchis d'animaux gigantesques et rendaient encore, à distance, ce paysage plus effrayant. La Mer Morte n'a pas une vague, pas un mouvement, à peine quelques rides, un léger frissonnement. L'eau paraît lourde et compacte ; elle est claire et limpide cependant, mais elle paraît huileuse. Elle est d'une saveur nauséabonde, insupportable. Son reflet au soleil est celui d'une masse de plomb fondu. La Mer Morte est à dix lieues Est de Jérusalem. Encaissée par deux immenses chaînes de montagne, celle de Juda à l'ouest et celle de Moab à l'est, elle est à 392 mètres au-dessous du niveau de l'Océan. A cause de cet encaissement, la chaleur y est considérable. Nous avions plus de 60 degrés. Sa longueur est d'environ vingt-cinq lieues et sa plus grande largeur de quatre à cinq. Sa profondeur est de trois cent quarante mètres. A la pointe sud-ouest étaient Sodome et les autres villes détruites par le feu du ciel, au temps de Loth. Ségor était plus au nord.

Au nord-est, on aperçoit le mont Nébo, d'où Moïse contempla la Terre promise, où il mourut et où il fut enseveli, sans que jamais personne ait pu connaître le lieu de sa sépulture.

La Mer Morte n'a pas d'issue. Enfermée de tous côtés, elle ne communique avec aucune autre mer, et cependant elle n'augmente ni en largeur, ni en profondeur, malgré l'apport des eaux du Jourdain qui s'y déversent continuellement. L'évaporation considérable qui s'y fait la maintient dans son état normal.

Une demi-heure suffit devant cette mer, témoignage perpétuel de la justice de Dieu. Nous rebroussons chemin et, à 11 heures 1/2, nous étions rentrés à notre campement à Jéricho.

Après dîner, pendant que des dames charitables réparaient ma soutane, je fis une petite sieste, après quoi j'allai dire mon bréviaire sur les bords de la fontaine. Le soir, à la nuit, avec d'autres confrères, je m'enveloppai dans mon manteau blanc et je me couchai dans le bassin de la fontaine. L'eau était bonne et le bain me fut salutaire. Le lendemain matin, à 5 heures, on était à cheval pour retourner à Jérusalem.

J'éprouvais ce jour-là un véritable malaise, et je ne pus prendre mon café. Par précaution, je me munis de quelques petits pains que je mangeai en route, bouchée par bouchée, obligé de boire à chaque instant une gorgée de vin mêlé à l'eau de la fontaine, dont j'avais empli une bouteille. Le pain tout seul tournait comme un morceau de terre dans ma bouche desséchée et ne voulait pas prendre la route de l'estomac. Je quittai sans regret la plaine de Jéricho et, en jetant un dernier regard sur le Jourdain et la Mer Morte, je pris la résolution de rentrer le plus tôt possible à Jérusalem.

Dans les montagnes, l'air manquait, j'étouffais par moments. Mais, à mesure qu'on montait, l'air devenait moins lourd, et, arrivé au Bon Samaritain, toute difficulté disparut.

Une pénible et douloureuse épreuve nous y attendait. M. l'abbé Mouilleras, malade à Jéricho, et qui pouvait à peine se tenir à cheval en revenant, dut s'arrêter là en attendant qu'une voiture, venue de Jérusalem, pût le transporter. Je l'avais vu le matin, il faisait pitié. Au Bon Samaritain, il tomba, plutôt qu'il ne se coucha, sur la poussière. Il resta en cet endroit avec quelques-uns de ses amis, pendant que nous partions en récitant le chapelet pour lui. La voiture attendue, désirée, ne vint pas et, après qu'on lui eut administré l'Extrême-Onction, on le hissa sur un cheval, et il mourut en chemin, aux environs de Béthanie. Le corps fut ramené à l'hospice Saint-Louis, fondé à Jérusalem par

M. le Comte de Piellat, et le service funèbre fut célébré à l'église Saint-Sauveur.

L'abbé Mouilleras était du diocèse d'Angers et paraissait avoir 45 ans. Il était fort, vigoureux, plein d'entrain et de gaieté en allant à Jéricho. Il était au Jourdain et à la Mer Morte. Tout le pèlerinage assistait à ses funérailles et, avec nous, des représentants de toutes les maisons religieuses de la ville et des environs. Partout la population faisait haie sur le parcours du convoi et donnait des témoignages de sympathique douleur. Les prêtres d'Angers remplissaient au service les principales fonctions, et le Révérend Père Bailly rappela, en quelques mots touchants, la jeunesse et la vie sacerdotale du cher défunt. L'abbé Mouilleras était privé des biens de la fortune, mais il était laborieux, intelligent et régulier, et sa vie, toute de zèle, avait été remplie de bonne heure. Dieu choisissait pour victime un des prêtres les plus exemplaires et les plus saints du pèlerinage.

En tête du cortège, marchaient les cavas du consulat, faisant résonner en cadence sur le pavé leurs cannes à pomme d'argent ; derrière eux, les dames, les laïques, les prêtres, le clergé, chantant les psaumes de la liturgie sacrée ; derrière le corps, les catholiques de Jérusalem, récitant en chœur, et à haute voix, le chapelet en langue arabe. A deux reprises différentes, pendant ce long parcours, je portai le corps.

Pauvre abbé Mouilleras, il meurt au milieu de sa carrière, à douze cents lieues de son pays, loin de ses parents, mais il meurt à Béthanie et il est enseveli à Jérusalem, sur le mont Sion, à deux pas du Cénacle, où il attend, près du saint Sépulcre, la résurrection future. Mourir à Jérusalem n'a rien de bien attristant pour un prêtre ; mais l'abbé Mouilleras avait laissé dans son presbytère son vieux père et sa vieille mère, dont il était la consolation et le soutien. Ne trouveront-ils pas bien dur, malgré leur foi, d'être privés des restes mortels de leur fils, de n'avoir pu lui prodiguer leurs soins et lui fermer les yeux ? Consolez, soutenez dans l'épreuve, ô mon Dieu, ces vieillards si affligés !

Au lieu de rester à Bethphagé pour dîner avec le pèlerinage, je remis mon cheval au moukre et je me rendis au couvent du *Pater*, où j'espérais avoir au moins de l'ombre et de l'eau fraîche. Je fus accueilli avec bienveillance et on me servit un repas bien réconfortant. Après cela, je me reposai longtemps sur un divan, au frais, et je ne rentrai à Jérusalem qu'au moment du souper. On venait d'apprendre la mort de l'abbé Mouilleras, et M. Marelle et mes autres voisins de table s'inquiétaient beaucoup de mon absence. On ne m'avait point vu depuis Bethphagé et on craignait un nouveau malheur : mon arrivée rassura et tranquillisa tout le monde.

IX

Pleurs des Juifs — Pentecôte — Patriarcat

Le 22 mai, je dus prendre médecine et je ne sortis que vers les 5 heures du soir, pour me rendre au pleur des Juifs. Tous les vendredis de l'année, les Juifs se rendent, au coucher du soleil, près des murailles extérieures du Temple, et, là, sur une place qui mesure trente mètres de long sur quatre à cinq de large, ils se livrent à la prière. Ils lisent des prophéties, chantent des sortes de litanies, implorent la miséricorde de Dieu et lui demandent avec larmes de se souvenir enfin de ses promesses, d'envoyer le Messie et de sauver Israël. Ils viennent en habits de fête et un livre à la main. Ils se tiennent debout et, tout en lisant à haute voix, ou en répondant aux invocations du rabbin qui préside, ils se balancent d'avant en arrière, et se frappent la tête contre le mur en versant véritablement des larmes. Tantôt la prière est lente et presque à voix basse, tantôt elle s'anime, la mesure s'accélère et la voix monte à proportion : c'est alors que les larmes coulent plus abondantes.

Ce spectacle extraordinaire serait simplement ridicule, s'il n'avait pas des motifs d'une si grande importance. Pauvres aveugles ! pauvres endurcis ! pauvres victimes du crime de leurs pères ! « Que son sang retombe sur nous et sur nos enfants ! » Comment ne pas s'attendrir à la vue d'un peuple qui souffre tant, d'un peuple qui avait de si magnifiques espérances et qui maintenant est rejeté de Dieu et méprisé des hommes ? J'étais porté à rire d'abord, mais ensuite j'aurais pleuré ; j'ai demandé un livre à un enfant, et aussitôt cinq ou six personnes m'en offraient, mais ces livres sont en hébreu et je n'ai pu ni lire, ni comprendre. Tous ceux qui sont là ne prient pas avec la même ferveur, plusieurs paraissent assez indifférents, mais la plupart ont l'air tout à fait pénétré.

Le 24 mai, jour de la **Pentecôte,** nous sommes allés dire la messe sur le mont Sion, dans le cimetière, tout près du Cénacle et de la tombe du regretté M. Mouilleras. Plusieurs fidèles de Jérusalem nous avaient suivis et firent la sainte communion avec nos pieux pèlerins. La messe dans un cimetière, sur des tombes ! Ne se croirait-on pas aux premiers jours du christianisme, pendant les persécutions, dans les catacombes de Rome ? Mais ce cimetière couronne le mont Sion et touche au Cénacle, témoin de la descente du Saint-Esprit sur les apôtres.

Dociles aux ordres des anges, les apôtres, après l'ascension du Sauveur, rentrèrent à Jérusalem et se retirèrent dans le Cénacle avec Marie, mère de Jésus, et attendirent, dans le recueillement et la prière, l'accomplissement de la promesse que Jésus leur avait faite de leur envoyer le Saint-Esprit. Pendant ces jours, Pierre proposa à l'assemblée des apôtres et des disciples renfermés dans le Cénacle, au nombre d'environ 120, de choisir parmi ceux qui, depuis le baptême de Jean jusqu'à l'Ascension de Jésus, avaient toujours vécu dans leur société, quelqu'un qui remplaçât le traître Judas. On proposa deux sujets : Barsabas, surnommé le Juste, et Mathias. Ils se mirent tous en prière et demandèrent à Dieu de désigner celui qu'il avait choisi. Le sort tomba sur Mathias et il fut associé aux onze apôtres.

« Quand les jours de la Pentecôte furent accomplis, les disciples étant tous réunis dans un même lieu, on entendit tout à coup comme le bruit d'un vent impétueux venu du ciel, qui remplit toute la maison où ils se trouvaient. Au même instant ils virent paraître comme des langues de feu, qui se divisèrent et s'arrêtèrent sur chacun d'eux ; alors ils furent tous remplis du Saint-Esprit, et ils commencèrent à parler diverses langues, selon que le Saint-Esprit les inspirait. Or il y avait à Jérusalem des Juifs religieux et craignant Dieu, de toutes les nations qui sont sous le ciel. Dès que ce bruit se fut répandu, un grand nombre s'assembla, et ils furent interdits, chacun d'eux entendant les disciples parler dans sa langue. Ils étaient tous dans l'étonnement, et ils disaient avec admiration : Ces gens qui nous parlent ne sont-ils pas tous Galiléens ? Comment donc les avons-nous entendus parler chacun la langue de notre pays ? Parthes, Mèdes, Elamites, ceux d'entre nous qui habitent la Mésopotamie, la Judée, la Cappadoce, le Pont et l'Asie, la Phrygie, la Pamphylie, l'Egypte et la Libye autour de Cyrène, et ceux qui sont venus de Rome, Juifs et Prosélytes, Crétois et Arabes, nous les entendons tous raconter, chacun dans notre langue, les merveilles de Dieu. Tout le monde était étonné et ravi d'admiration et on se disait : que signifie tout cela ?

D'autres, les esprits forts du jour, qui, comme ceux d'aujourd'hui, faisaient profession de rejeter tout ce qui, en fait de religion, dépassait les étroites limites de leur débile raison, se moquaient de tout ce qui se passait et disaient : Pourquoi écoutez-vous ces gens ? ne voyez-vous pas qu'ils sont ivres ? ils ont trop bu de moût, ils délirent. Pierre, prenant aussitôt la parole, confond ces calomniateurs par le témoignage du prophète Joël, prêche Jésus-Christ et sa résurrection glorieuse, et convertit 3.000 personnes, qui se font aussitôt baptiser. » (Act. des Ap., ch. II.)

Comment donc le Saint-Esprit n'a-t-il pas ébranlé de nouveau le Cénacle ? Pourquoi l'épée de David dort-elle encore dans son fourreau ? Pourquoi sa harpe ne s'est-elle pas réveillée ? Mahomet tiendra-t-il encore longtemps ? et les portes de Sion ne s'ouvriront-elles pas bientôt devant le Christ vainqueur ?

Du mont Sion, nous nous rendîmes au Patriarcat latin pour la messe pontificale. Quelle pompe ! quelle majesté ! quel déploiement d'ornements ! Nos messes pontificales, dans nos cathédrales, si belles et si imposantes déjà, ne sont rien comparées à celle-là. Les cérémonies, grandes en elles-mêmes, se font avec une aisance et une précision qui ne laissent rien à désirer et qui en relèvent encore la grandeur. Tous les prêtres présents furent revêtus d'aubes, de dalmatiques ou de chapes ; c'était splendide, imposant. Après la messe, qui fut longue, on reconduisit en procession le patriarche à son palais, où nous reçûmes sa dernière bénédiction. Monseigneur Bracco est grand, maigre, grave et très digne ; sa grande barbe noire lui donne un air majestueux. Si cette barbe était blanche et plus fournie, on le prendrait pour l'antique Melchisédech.

Le même jour, nous eûmes une conférence à l'hôpital Saint-Louis, où il fut question d'une association entre tous les pèlerins de la Terre sainte. C'était une belle et bonne idée, elle m'agréait complètement ; mais, après avoir beaucoup parlé, on se sépara sans avoir rien arrêté. A cette réunion, le Père Bailly, toujours si loquace, ne paraissait pas en veine. La seule parole originale et saillante fut celle du Frère Liévin : « Jésus-Christ, dit-il, nous a constitués pêcheurs d'hommes. Or, pour prendre du poisson à la pêche, il faut amorcer. Donnez-moi trois millions, et, bientôt, il n'y aura plus de schismatiques en Palestine. » Il y a du bon et du vrai là-dedans ; il ne parle pas d'acheter, mais simplement d'amorcer. N'oublions pas néanmoins que les apôtres amorçaient plus par la sainteté de leur vie, par les miracles qu'ils opéraient que par les aumônes et les secours matériels qu'ils distribuaient. Menons la vie détachée du monde ; la vie sainte, surnaturelle des apôtres, et nous ferons une pêche fructueuse.

X

Adieux au Calvaire — Départ de Jérusalem
Arimathie — Jaffa.

Ce soir, 25 mai, je dois quitter Jérusalem : mon pèlerinage est terminé, il faut reprendre la route de la France et rentrer dans sa paroisse. Ce matin, j'allai dire la messe au Calvaire, à l'autel du *Stabat*. Je dus attendre deux heures avant de monter à l'autel, mais je ne m'en plaignis pas : j'allais quitter le Calvaire, et quand pourrais-je y revenir ?

La messe du pèlerinage fut célébrée ce jour-là à la chapelle des Franciscains, dans la basilique du Saint-Sépulcre, sur l'emplacement de l'apparition de Jésus ressuscité à sa très sainte Mère. Dans la sacristie de cette chapelle, on conserve comme un précieux souvenir, l'épée et les éperons de Godefroy de Bouillon, épée large et courte. Après avoir reçu quelques pieux souvenirs, je montai de nouveau au Calvaire et je collai mes lèvres à l'endroit où Jésus fut crucifié et où il est mort pour moi. Je ne pouvais m'arracher de ces lieux. Je n'osais pas dire : Au revoir ! et je n'aurais pas voulu dire : Adieu ! Mêmes sentiments au Saint-Sépulcre ; la foule s'écoulait, je restais presque seul, plus tranquille et plus recueilli, et l'âme se fondait dans des sentiments indicibles. Mais le gardien agite ses clés pour annoncer qu'il va fermer, il faut partir. Adieu donc, tombeau sacré, gage de ma plus ferme et de ma plus douce espérance ! Adieu, Calvaire, témoignage perpétuel de l'amour de mon Dieu, autel de ma rédemption ! Adieu, trophée de la vie sur la mort ! Adieu ! mais que votre souvenir fortifie ma volonté et me fasse triompher de mes passions pour ressusciter un jour, glorieux comme Jésus, mon Sauveur !

Le départ général était fixé au lendemain à 3 heures du matin, mais, pour être plus tranquilles, nous prîmes, quelques-uns, la résolution de partir la veille au soir. Nous étions dix, avec deux voitures attelées de trois chevaux de front, maigres, mais bons trotteurs. Un Arabe grand et fort, mais ne connaissant que quelques mots de français et d'une humeur peu agréable, nous fut donné pour conducteur et pour cocher. Nous devions aller coucher à Arimathie, aujourd'hui Ramleh.

Après une assez longue attente à la porte de Jaffa, notre équipage s'ébranla enfin, lentement d'abord, car la route est difficile et escarpée. Pour soulager les chevaux qui traînaient le char en suivant les lacets du chemin, nous gravîmes la montagne à pied et nous arrivâmes au sommet avant la voiture. Jérusalem allait disparaître à nos regards. Nous nous retournâmes pour contempler une dernière fois la coupole du Saint-Sépulcre et le mont des Oliviers. Notre cœur se serra et nous récitâmes avec tristesse le psaume des Juifs en captivité à Babylone : *Super flumina Babylonis....* Nous nous sommes assis sur le bord des fleuves de Babylone, pleurant au souvenir de Sion. Nous avons suspendu nos harpes aux saules du rivage pour ne plus nous en servir. Chantez-nous, disaient nos maîtres, quelques cantiques de Sion. Comment, hélas ! pourrions-nous chanter les cantiques du Seigneur sur une terre étrangère ?... Si jamais je t'oublie, ô Jérusalem, que ma main droite elle-même tombe en oubli ! Que ma langue s'attache à mon palais, si je perds ton souvenir et si je ne me propose pas Jérusalem comme le seul et le principal objet de ma joie ! (Ps. 136). Nous avions descendu la montagne de quelques mètres et Jérusalem avait disparu à jamais pour nous. Le tombeau de Samuel, que nous apercevions à notre droite sur une haute colline, et plus bas Emmaüs, disparurent à leur tour.

Emmaüs nous est connue par l'épisode si émouvant de Jésus voyageant avec deux de ses disciples : d'abord la perplexité des disciples, puis l'entretien de Jésus leur expliquant l'Ecriture et échauffant leur cœur, enfin la fraction du pain, c'est-à-dire la communion, où ils le reconnurent. « Le soir même de Pâques, deux des disciples de Jésus allaient à un bourg, nommé Emmaüs, éloigné de soixante stades de Jérusalem, et s'entretenaient de tout ce qui venait d'arriver. Or, pendant qu'ils conversaient et se faisaient part de leurs conjectures, Jésus lui-même les joignit, et se mit à marcher avec eux ; mais leurs yeux étaient comme fermés, en sorte qu'ils ne pouvaient le reconnaître. Il leur dit : De quoi vous entretenez-vous ainsi en marchant, et d'où vient que vous êtes tristes ? L'un d'eux, nommé Cléophas, prenant la parole, lui répondit : Etes-vous donc tellement étranger dans Jérusalem, que seul vous ne sachiez pas ce qui s'y est passé ces jours-ci ? Et quoi ? leur dit-il. Ils lui répondirent : Tout ce qui est arrivé au sujet de Jésus de Nazareth, qui était un prophète puissant en œuvres et en paroles devant Dieu et devant tout le peuple ; ne savez-vous pas comment les Princes des prêtres et nos magistrats l'ont fait condamner à mort, et l'ont crucifié ? Or, nous espérions que ce serait lui qui délivrerait Israël ; cependant voilà le troisième jour écoulé depuis que ces choses se sont passées. Il est vrai que quelques-unes des femmes qui étaient avec nous, nous ont étrangement surpris ; car, étant allées avant le jour au sépulcre, et n'ayant point trouvé son corps, elles sont venues dire que des Anges leur ont apparu, annonçant qu'il est vivant. Quelques-uns des nôtres sont allés aussi au sépulcre, et ont trouvé les choses telles que les femmes les avaient rapportées ; mais, pour lui, ils ne l'ont point vu. Jésus, prenant alors la parole : O insensés, leur dit-il, que votre cœur est tardif à croire tout ce que les Prophètes ont annoncé ! Ne fallait-il pas que le Christ souffrît de la sorte, et qu'il entrât ainsi dans sa gloire ? Puis, commençant par Moïse et continuant par tous les Prophètes, il leur expliquait ce qui était prédit de lui dans toutes les Ecritures. Lorsqu'ils furent près du bourg où ils allaient, il fit semblant de passer outre. Mais ils le retinrent, en lui disant : Demeurez avec nous, car il se fait tard, et le jour est déjà sur son déclin. Il entra donc avec eux ; puis, comme ils étaient à table, il prit le pain, le bénit, le rompit, et le leur présenta. Aussitôt leurs yeux s'ouvrirent et ils le reconnurent ; mais il disparut à leurs regards. Ils se dirent alors l'un à l'autre : Ne sentions-nous pas en nous-mêmes notre cœur tout brûlant lorsqu'il nous parlait dans le chemin, et qu'il nous expliquait les Ecritures ? Partant à l'heure même, ils retournèrent à Jérusalem, où ils trouvèrent les onze Apôtres réunis avec quelques autres disciples, qui leur dirent que le Seigneur était réellement ressuscité, et avait apparu à Simon. Eux, de leur côté, racontèrent ce qui leur était arrivé en chemin, et comment ils l'avaient reconnu à la fraction du pain. »

Au tournant de la montagne, nous découvrons, à gauche, le village de Saint-Jean-in-Montana ; ce ne fut qu'une apparition fugitive, car des montagnes le dérobèrent presque aussitôt à notre vue. Tout ce que nous avions aimé disparaissait. Ce fut un moment pénible. Au bas des montagnes, nous traversons la vallée et le torrent du Térébinthe, théâtre de la victoire de David sur Goliath. « Il y avait dans l'armée des Philistins, en guerre avec Israël, un géant, appelé Goliath ; il avait dix pieds de haut et portait sur la tête un casque d'airain ; sa poitrine était couverte d'une cuirasse à écailles ; des cuissards d'airain et un bouclier également d'airain protégeaient ses cuisses et ses épaules ; la pointe de sa lance pesait six cents sicles de fer. Cet homme s'avançait chaque jour en face de l'armée d'Israël, provoquant les guerriers à un combat particulier et insultant l'armée du Seigneur. Mais personne n'osait se mesurer avec lui. David, jeune berger de Bethléem, et tout à fait étranger à l'art de la guerre, ayant appris ces choses, résolut d'attaquer le géant et de délivrer Israël. Il prit donc sa houlette de berger, qu'il avait toujours à la main, choisit dans le torrent cinq pierres bien polies, les mit dans sa panetière et, la fronde à la main, il s'avança contre Goliah. — Me prends-tu pour un chien, lui dit le géant, que tu viens à moi avec un bâton ? — David répondit : Tu viens à moi avec l'épée, la lance et le bouclier, et tu mets ta confiance dans ces armes ; mais moi, je viens au nom du Seigneur des armées, du Dieu des troupes d'Israël, auxquelles tu as insulté aujourd'hui. Le Seigneur te livrera entre mes mains ; je te tuerai, je te couperai la tête et je donnerai aux oiseaux du ciel et aux bêtes de la terre les cadavres des Philistins, afin que toute la terre sache qu'il y a un Dieu en Israël. — Goliah, plein de colère, s'avança contre David. Mais David mit une pierre dans sa fronde, la lança et frappa le Philistin au front. La pierre pénétra dans la tête, et Goliath tomba la face contre terre. David courut sur lui, lui prit son épée et lui coupa la tête. Les Philistins, épouvantés, prirent la fuite, poursuivis par les Israélites, qui remportèrent une victoire complète. » (I. Liv. des Rois, ch. XVII.)

Cependant le jour baissait et le soleil disparaissait déjà derrière les montagnes. C'était pour les Musulmans l'heure de la prière et nous vîmes des hommes interrompre leurs travaux, se mettre à genoux sur une natte étendue par terre et faire leur prière, le visage tourné du côté de la Mecque, leur ville sainte. Nous étions dans le voisinage d'Aïalon, mais nous n'étions pas

Josué pour arrêter le soleil et prolonger le jour. Enfin, nous arrivons à Latroun, patrie du bon larron, crucifié avec Jésus-Christ. C'est la halte, les chevaux doivent manger l'avoine.

Nous aussi, nous aurions voulu manger, mais nous ne trouvâmes rien à l'hôtellerie, et nos provisions étaient fort restreintes. Nous partageâmes un peu de pain, dont nous étions munis, et quelques tablettes de chocolat, que j'avais emportées de Pougy. Cette frugale collation fut tout notre souper. A l'hôtellerie, il y avait une noce, beaucoup de monde et grande réjouissance. Un des nôtres, prêtre, qui avait servi au 41e de ligne, et que nous appelions pour cela le 41e, pénétra dans l'auberge et demanda de la bière : Demi franc, dit l'hôtelier. — Va pour demi franc, répond notre vieux troupier. — Et il emporta la bouteille ; mais quand elle fut vide et qu'il fallut payer, le prix avait triplé : c'était franc et demi. Notre 41e, indigné de cette mauvaise foi, se fâche, il dispute, il crie, il tempête, mais l'hôtelier tient bon. Les gens de la noce prennent fait et cause pour lui ; il se lèvent, entourent le prêtre, et notre confrère dut s'exécuter, payer franc et demi et quitter la salle. — Un autre incident, aussi comique, faillit tourner au tragique. Nous étions arrêtés depuis une heure, et notre conducteur, fumant tranquillement sa pipe, causait avec des camarades et ne bougeait pas, quoi qu'on lui dise : — Tu ne veux pas brider ? lui dis-je ; je vais le faire moi-même et je pars sans toi. — J'avance, en effet, et un autre pèlerin enlève la mangeoire des chevaux ; mais notre homme, impassible et railleur jusqu'ici, se lève en colère et cherche à rapprocher les auges ; l'autre tient bon et les renverse. Mon Arabe alors saisit son fouet et nous menace ; ses compagnons lui prêtent main forte, et M. Bretonneau, voyant le danger, arrive le parapluie levé et va frapper ; j'abandonne les chevaux et me mets en état de défense. Notre homme se calme cependant et se met en route, mais de fort mauvaise humeur. Jusqu'à Ramleh, il ne dit pas un mot, à peine même s'il répond à nos questions.

En arrivant à Ramleh, nous apercevons nos tentes pour le lendemain et nous nous proposons de venir nous y installer, si, à cette heure tardive, nous ne sommes pas reçus chez les Franciscains. Nous étions sortis de la ville, quand notre conducteur, tournant à gauche et fouettant vigoureusement ses chevaux, nous dit, d'un air narquois : Jaffa, je vais à Jaffa. — Mais non, canaille, dit M. Bretonneau, en saisissant les guides, non tu n'iras pas, nous resterons à Ramleh. — Notre Arabe, heureux de sa petite malice, se met à rire aux éclats et nous arrête devant le couvent des Pères Franciscains. Mais personne ne nous attendait ; les pèlerins que nous avions chargés de nous annoncer, n'avaient pas fait la commission. Il était 11 heures, tout le monde dormait. Il fallut du temps pour réveiller le portier et parlementer avant qu'on nous ouvrît. Enfin, la porte cède, et un grand nègre, parlant bien français, nous introduit dans la maison ; mais il n'y avait pour nous ni pain, ni vin. Nous prîmes cependant un petit rafraîchissement et nous allâmes faire connaissance avec nos lits, un peu durs peut-être, mais bien dressés et d'une propreté irréprochable. Le sommeil fut court, mais bon.

Ramleh est l'ancienne **Arimathie,** et le couvent des Pères occupe l'emplacement de la maison de Joseph et de Nicodème, qui ensevelirent Notre-Seigneur Jésus-Christ. La chapelle où j'ai dit la messe passe pour être la maison même de Joseph.

Après la messe, pendant le déjeûner, nous vîmes entrer, avec un Père, un personnage, la canne à la main, coiffé d'un turban, portant un paletot français, une culotte à la mamelouk et pieds nus dans des babouches. Il s'annonça comme le vice-consul de France. Il nous dit combien il était heureux de voir des Français et s'offrit pour nous faire visiter les curiosités de la ville.

Bonaparte, dans son expédition d'Egypte en Syrie, avait habité, à Ramleh, le couvent des Franciscains. On nous montre la chambre et le lit où il coucha, et la salle où il recevait son état-major.

Nous remercions de leur généreuse hospitalité les bons Pères, qui s'excusent de n'avoir rien à nous offrir, et nous suivons notre vice-consul à la tour des quarante martyrs, seul monument que nous avons le temps de visiter. Cette tour, dont on ne connaît exactement ni l'origine ni la destination, est carrée, bien bâtie et assez élevée. Elle tombe en ruines aujourd'hui et il serait imprudent et dangereux de monter jusqu'au sommet. A côté de cette tour, on voit des restes de galeries et des souterrains assez profonds, voûtés et partagés en différentes nefs par de gros piliers carrés. Les uns voient dans ces ruines des restes d'église et de crypte ; les autres prétendent que ce sont les débris d'un vaste kan et de citernes.

De Ramleh à Jaffa, nous traversons la fameuse plaine de Saron, célébrée par David et Isaïe, plaine riante et fertile autrefois, mais triste et à peu près inculte aujourd'hui. Cette plaine a trente lieues de long et huit de large. C'est le théâtre des exploits de Samson, et nous aimons à nous rappeler ses trois cents renards courant à travers la campagne, un falot allumé à la queue et incendiant les moissons des Philistins. Nous laissons à notre droite, à une certaine distance encore, Lydda, où saint Pierre guérit le paralytique Enée. « Depuis huit ans cet homme était paralysé et ne pouvait sortir de son lit. Pierre lui dit : Enée, le Seigneur Jésus-Christ vous guérit ; levez-vous et faites vous-même votre lit. Enée se leva aussitôt, et tous les habitants de Lydda virent cet homme guéri et se convertirent au Seigneur. (Act. des Ap., ch. IX.) — Enfin, nous faisons notre entrée à Jaffa, après avoir marché dans une poussière épouvantable en longeant les célèbres jardins de Jaffa. Sur le marché de la ville, nous rencontrons notre aimable commandant de la *Bourgogne*, M. Caffa, qui paraît heureux de nous revoir, et nous allons nous installer chez les Pères Franciscains, dont la maison n'est séparée de la mer que par un quai très étroit. Cet établissement est bâti en amphithéâtre sur le flanc de la colline ; il a trois étages, dont chacun est de plain-pied du côté de la montagne. De chaque terrasse, formant le toit de l'étage inférieur et la cour de l'étage supérieur, on a une vue splendide sur la mer.

La position de Jaffa est admirable et son site enchanteur. C'est la Naples de l'Orient. Jaffa passe pour une des plus anciennes villes du monde. C'est à Jaffa que Noé bâtit son arche ; que l'infidèle Jonas, pour se soustraire aux ordres du Seigneur, s'embarqua pour Tharsis. Va à Ninive, avait dit Dieu à Jonas, et déclare aux habitants que s'ils ne font pas pénitence, dans quarante jours Ninive sera détruite. Craignant les mauvais traitements qu'une prédication si peu agréable pourrait lui attirer, Jonas s'embarqua pour un pays tout opposé à Ninive. Mais voici qu'une tempête effroyable s'éleva sur la mer. C'est en punition de ma désobéissance que Dieu a déchaîné cette tempête, dit Jonas aux marins. Jetez-moi dans la mer et elle s'apaisera. Un énorme poisson engloutit Jonas, et, trois jours après, il le rendit tout vivant sur le rivage. (Jonas, ch. I et II.)

C'est à Jaffa que les cèdres du Liban, envoyés à Salomon par le roi de Tyr, arrivèrent en radeaux pour la construction du temple de Jérusalem. Jaffa subit souvent les diverses vicissitudes de la guerre. Dès l'origine du Christianisme, elle compta dans son sein plusieurs adorateurs de Jésus-Christ et fut le théâtre d'un des plus grands miracles de saint Pierre. Pendant les Croisades, elle fut prise et démantelée par Saladin. Richard-Cœur-de-Lion (1) en rebâtit les fortifications, et Gauthier-le-Grand, comte de Brienne, en devint gouverneur. En 1838, une partie de Jaffa fut renversée par un tremblement de terre.

En arrivant à Jaffa, nous étions fatigués, tout poudreux; le déjeûner n'aura lieu qu'à onze heures, et la mer, qui murmure à nos pieds, nous invite à prendre un bain. Nous cédons facilement à la tentation, et nous voici bientôt sept ou huit à barboter dans les flots. Mon premier et mon unique bain en mer jusqu'ici, fut pris à Jaffa.

Dans l'après-midi, nous visitâmes la maison de Pierre le corroyeur, où l'apôtre saint Pierre eut une vision qui lui fit com-

---

(1) Roi d'Angleterre, un des principaux guerriers de la troisième croisade, sous le roi de France Philippe-Auguste, 1189-1192.

prendre qu'il ne devait pas rejeter les Gentils. « Vers la sixième heure, Pierre étant en prière sur le haut de la maison, eut faim et voulut manger. Or, dans un ravissement d'esprit, il vit le ciel ouvert, et du ciel descendait jusqu'à lui une grande nappe suspendue par les quatre coins. Dans cette nappe, il y avait toutes sortes d'animaux de la terre et d'oiseaux du ciel, des quadrupèdes, des reptiles, et une voix disait : Lève-toi, Pierre, tue et mange. A Dieu ne plaise, répondit Pierre, car jamais je n'ai rien mangé d'impur et de souillé. N'appelle pas impur, dit la voix, ce que Dieu a purifié. Trois fois la même chose se renouvela, et aussitôt la nappe fut retirée dans le ciel. Pendant que Pierre tout étonné se demandait ce que pouvait signifier cette vision, des hommes, envoyés de Césarée par le centurion Corneille, vinrent le prier de se rendre avec eux à Césarée, car un ange avait ordonné à Corneille de faire venir saint Pierre chez lui et d'écouter ses paroles. Pierre obéit, évangélisa Corneille et sa maison et les baptisa tous. » (Act. des Ap., ch. IX.) Ce sont les premiers gentils convertis. — A Jaffa, on visite aussi l'emplacement de la maison de Tabithe, ressuscitée par saint Pierre. « Tabithe ou Dorcas était, à Jaffa, une femme qui s'appliquait aux bonnes œuvres et faisait beaucoup d'aumônes. Or, elle tomba malade, et mourut. Après avoir, selon la coutume, lavé son corps, on la transporta dans une chambre haute. Apprenant que saint Pierre était à Lydda, les chrétiens l'envoyèrent chercher. Hâtez-vous, lui disaient-ils, de venir ici. Quand il fut arrivé, ils le conduisirent près du corps de Tabithe, et les veuves se présentèrent à lui en pleurant et en lui montrant les robes et les habits que Dorcas leur faisait. Pierre fit sortir tout le monde et, se jetant à genoux, il se mit à prier ; puis, se tournant vers le corps, il dit : Tabithe, levez-vous. Elle ouvrit les yeux aussitôt et, voyant saint Pierre, elle se mit sur son séant. Pierre lui prit la main et la leva, et, appelant les fidèles et les veuves, il la leur rendit. Tous les habitants de Jaffa eurent connaissance de ce miracle, et plusieurs se convertirent. (Act. des Ap., ch. IX.) Tous les ans, le quatrième dimanche après Pâques, la population de Jaffa se rend à la maison de Tabithe et au caveau où on pense qu'elle fut inhumée, pour célébrer ses vertus et le miracle dont elle fut l'objet. — Au couvent des Arméniens schismatiques, on visite la salle des pestiférés, dans laquelle, dit-on, Bonaparte fit empoisonner ses soldats atteints de la peste, pour leur épargner la douleur de périr par les mains meurtrières des Musulmans (1799).

Les jardins si renommés de Jaffa ne ressemblent en rien à ce que, ici, nous appelons jardin. Il ne faut pas se figurer des allées semées de sable fin, des plates-bandes plantées d'arbustes variés, ornées de fleurs d'espèces, de couleurs et de parfums divers ; ce sont des vergers, des forêts d'orangers, de grenadiers, de mûriers, de citronniers. Les bananiers avec leurs feuilles de plusieurs mètres de long, la vigne et la canne à sucre y prospèrent d'une manière admirable ; les pastèques et autres fruits doux y abondent, dominés par les palmiers, qui s'élancent à des hauteurs considérables. Et comme tous ces arbres sont vigoureux, et comme il est beau de voir ces oranges, moitié cachées par les feuilles, pendre aux branches ! Dans la saison, l'odeur des fleurs d'oranger se fait sentir au moins à deux lieues en mer.

Nous allons ensuite saluer notre *Bourgogne*. La mer était calme et notre chaloupe glissait mollement sur les flots. Quand la barrière des récifs fut franchie et que la vague balança notre légère embarcation, M. Jaspar, doyen de Saint-Jacques de Douai, eut une réminiscence poétique et se mit à fredonner : *Vers les rives de France, voguons, oui, voguons doucement.* A la *Bourgogne,* on nous reçut avec joie, presque avec enthousiasme, et on nous demanda avec un intérêt qui fait honneur à l'équipage, des nouvelles du pèlerinage et des incidents du voyage. Sur la *Bourgogne,* on se trouvait déjà chez soi, on reprenait contact avec des compatriotes. On ne respirait plus l'air des villes d'Orient, on ne voyait plus les costumes équivoques et plus ou moins propres des indigènes.

XI

Embarquement — Traversée — Marseille — Pougy

L'embarquement général est fixé au matin du 27 mai. Pour éviter l'encombrement, nous avions, quelques-uns, devancé le moment du départ, et, du haut du pont, à l'abri de tout accident, je m'amusais à voir ces barques chargées de monde, ces bateliers avides de gain, empressés à faire plusieurs voyages, ces flots battus par les rames, ces pèlerins qui se pressaient, et ces dames qui s'effrayaient. Quel bruit, quel tumulte, quelle agitation ! Les bagages encombrent le pont, et les marchands d'oranges crient, s'agitent et offrent leur marchandise au rabais. Tout, cependant, s'est effectué dans les meilleures conditions possibles ; tout est terminé, le calme renaît, et la *Bourgogne,* la proue vers Marseille, commence à fendre les flots. Le cher Frère Liévin, quelques Pères Franciscains, Marroum, notre drogman chef, qui nous avait accompagnés jusqu'au bateau, nous quittent aux cris répétés de : Vive la Terre Sainte ! Vive la France ! Bientôt les côtes de la Palestine disparaissent, nous reprenons notre vie à bord et nos exercices de piété se font avec régularité et édification. Pour occuper les loisirs de la traversée et rompre un peu la monotonie du voyage, on fonda le *Journal du bord,* où l'imagination et l'esprit faisaient à peu près tous les frais. Quatre ou cinq prêtres rédigeaient tous les jours pour midi quatre pages pleines de verve et d'humour, qui, avec les chansonnettes habituelles, désopilaient la rate et faisaient passer un bon moment. Un coup de vent ayant emporté le chapeau d'un prêtre dans la mer donna lieu à cette dépêche :

Corfou. — Le paquebot *La Bourgogne*, revenant de la Palestine, a été assailli par une violente tempête et a fait naufrage. Tout, corps et biens, a été perdu. Seul un chapeau ecclésiastique a pu être recueilli. (Agence Havas).

L'agence Havas à cette époque, comme le *Matin* aujourd'hui, donnait à tout propos des nouvelles assez fantaisistes, et qui avaient besoin d'être sérieusement contrôlées.

Le 29, la mer agitée jusqu'à midi avait rendu malades plusieurs personnes, qui payaient généreusement leur tribut au mal de mer. Toute la journée, nous eûmes l'île de Candie à notre droite.

Ce matin, grande fête sur le bateau et première communion d'un jeune mousse. La première communion, si touchante partout, l'est bien davantage encore sur un bateau, au milieu des mers. Cet enfant était orphelin, il n'avait que le bateau pour pays, et l'équipage pour famille ; il avait été catéchisé pendant la traversée par un des Pères directeurs du pèlerinage. Sa toilette était modeste et simple : un pantalon propre, une blouse de marin en toile bleue et, au bras, un brassard en ruban blanc, frangé d'or. Des pèlerins et une dizaine de matelots l'accompagnèrent à la table sainte. Ce pauvre enfant, qui ne connaissait guère de jours de fête, était choyé de tout le monde ; il était le héros de la fête. L'innocence a toujours le privilège de charmer et d'attirer ; et, quand on connaît quelqu'un qui a Dieu dans son cœur, on est irrésistiblement porté vers lui. Garde, ô cher enfant, le souvenir de ta première communion, et reste fidèle au Dieu qui te témoigne tant d'amour !

Notre traversée est à moitié terminée. Ce matin, 31 mai, nous apercevons les côtes de la Calabre et, à gauche, nous commençons à découvrir les montagnes de la Sicile. Tout à fait à l'horizon, émergeant des flots, une vapeur, rendue transparente par les rayons du soleil couchant, entoure, comme un voile de gaze, la tête d'un pic que nous prenons pour l'Etna. Ce n'est pas un nuage, mais une fumée volcanique. Cette fois encore nous franchissons, la nuit, le détroit de Messine et nous n'apercevons au loin sur les côtes que les lumières de Reggio et de Messine.

Les Bouches de Bonifacio sont traversées et nous entrons dans les eaux françaises. Mais, dans la matinée, la houle fut assez forte et le mal de mer fit de nombreuses victimes. Vers midi, pendant le déjeûner, une lame, plus audacieuse que les autres, escalada le pont et, après avoir inondé les pèlerins inattentifs et sans défiance, vint nous rafraîchir à table. Ce fut mon second baptême marin.

Hier et aujourd'hui, des mouettes vinrent nous visiter ; elles voltigent autour du bateau et se reposent sur les vergues. — Il est huit heures du matin, 3 juin, et je viens de dire la messe pour la dernière fois sur le bateau. Du gaillard d'avant, je contemple les côtes arides, pierreuses, des montagnes élevées et sauvages du littoral de la France. C'est une image vivante des montagnes de la Palestine. Mais derrière ces rochers si souvent battus par les vagues, imprégnés du sel de la mer, il y a la vraie patrie avec sa verdure et ses arbres, avec ses troupeaux, ses vignes et ses moissons, avec ses villages et ses villes populeuses, propres toujours, élégantes et coquettes quelquefois. Le temps est beau, le soleil bien doux, la mer absolument calme, à peine une brise légère, et le bateau, qui laisse tomber les voiles qui nous servaient de chapelle, paraît ralentir sa marche et glisser plus doucement que d'habitude. C'est à peine si on sent le mouvement des flots et les secousses de l'hélice.

Au détour d'un rocher, nous apercevons Notre-Dame-de-la-Garde et nous chantons avec entrain et piété : *Ave, maris stella.* Marseille s'élève insensiblement au-dessus des flots ; elle nous montre ses tours, ses clochers, ses maisons. A droite, nous découvrons une gracieuse campagne pleine d'arbres et de verdure; à gauche, un rocher aride et à pic, couronné par une forteresse : c'est le château d'If. Bientôt, nous entrons dans un étroit passage entre des vaisseaux de toute couleur, de toute grandeur. Nous entendons le bruit de la ville, le hennissement des chevaux, le fouet des cochers ; le vaisseau stoppe. Sur le pont, on va, on vient, on se serre la main, on se dit adieu. Enfin, le signal est donné, on descend, on se disperse.

Dans l'après-midi, je fis, en voiture, quelques courses sans importance dans la ville et, le soir, à 10 heures, on prenait le train pour Paris. Le jeudi matin, jour de la Fête-Dieu, j'ai dit la messe à l'autel primatial de la cathédrale de Lyon ; M. Marelle me servit de clerc et fit la sainte communion. Enfin, le vendredi soir, je rentrai à Pougy, à la grande satisfaction de ma mère, qui, cependant, voulait à peine me reconnaître.

Depuis sept semaines en effet, je portais toute ma barbe, et, petite et innocente fantaisie, je n'avais pas voulu la couper avant de rentrer chez moi. J'y tenais à cette barbe, que j'aurais voulu conserver encore quelque temps et qui me donnait une physionomie toute particulière. C'est sa voix, disaient mes enfants de chœur venus à la rencontre de la voiture, c'est sa voix, mais ce n'est pas sa figure.

Aujourd'hui, il ne me reste plus que le souvenir de l'Orient, même de ma barbe.

J'ai souvent entendu parler de l'Orient d'une manière différente : les uns l'exaltent avec enthousiasme, les autres le rabaissent à l'excès. Ces jugements si discordants dépendent des diverses catégories de personnes qui l'ont visité et de l'idée qu'on se fait du beau.

Pour ceux qui, comme nous, vont chercher, en Orient, les souvenirs bibliques, étudier les origines du monde, les grandes phases de l'histoire de l'humanité, se fortifier dans la connaissance de l'Evangile, quel pays comparable à l'Orient ? On suit les patriarches pas à pas, on parcourt avec le Sauveur les villes et les bourgades de la Judée et de la Galilée, on se meut dans le cadre de sa vie mortelle, on s'arrête sur le théâtre de ses principaux miracles, on entend la grande voix des prophètes, les soupirs inspirés de la harpe de David annonçant les événements que Jésus-Christ réalisa dans sa personne. Pas un chemin, pas une montagne qui n'apporte quelque enseignement, pas un coin de terre qui ne soit la source de pieuses émotions, de sentiments élevés.

Si nous avions un regret à exprimer, ce serait de n'être pas resté plus longtemps dans ces contrées, d'avoir vu les choses trop superficiellement et d'en avoir trop laissé sans les explorer. En voyant davantage, en examinant plus sérieusement, on trouverait la solution de bien des questions en jeu aujourd'hui, et des réponses nettes, catégoriques, aux erreurs et aux sophismes du jour.

Au contraire, les touristes, les artistes, les délicats, qui ne cherchent dans leurs voyages que les curiosités, le charme des sites, la fertilité des campagnes, la fraîcheur des vallées, le luxe et le confort de la civilisation européenne, ceux-là n'ont rien à faire en Orient : leur voyage serait une affligeante déception.

Il ne faut pas, en effet, s'imaginer trouver en Orient des villes riches en palais, en monuments, des villes aux rues larges, bien alignées, avec de vastes places ombragées par des arbres touffus et rafraîchies par des fontaines et des jets d'eau, les villes sont resserrées et sombres, les rues étroites et tortueuses, sans ombre ni fraîcheur, et généralement malpropres. En fait de monuments, il n'y a que des ruines et, pour trouver des curiosités artistiques, il faudrait fouiller au milieu des herbes et des chardons et déterrer des colonnes, des corniches, des chapiteaux enfoncés sous des décombres. N'espérez pas non plus trouver en Orient une végétation luxuriante, des plaines cultivées, une flore variée avec des couleurs éclatantes et des parfums suaves, enivrants. Les campagnes sont désolées, stériles, incultes ; les montagnes sont dénudées, et l'eau des fontaines, rares du reste, croupit dans la vase. Le costume des habitants est loin aussi d'avoir ce pittoresque, cette ampleur, ces formes élégamment drapées, ces teintes vives et harmonieuses qu'on aime à se figurer. Sans doute il y a plus de grandeur, de majesté, de poésie dans ces robes, ces voiles, ces manteaux flottants que dans nos vêtements étriqués d'Occident, mais, hélas ! tout cela est négligé, tout est sale, guenilleux. L'hygiène n'est pas connue dans ce pays-là. Aussi, un de nos pèlerins disait : Pour voyager en Orient, il faudrait laisser son nez en France et ne voir que par son imagination.

Mais, à part ces inconvénients, qui ne tiennent du reste qu'à l'insouciance et à la paresse des habitants, peut-on dire que l'Orient n'est pas beau, qu'il ne mérite pas d'être visité et que nos pays l'emportent sur lui ? Le beau n'est-il pas, ici comme en tout, la grandeur, la pureté des lignes, l'harmonie des sites, la convenance des costumes, des habitudes et des mœurs des habitants, avec leurs besoins et le climat du pays ?

Pour nous, peuples de l'Occident, avec notre ciel bas, notre pâle soleil, nos horizons limités, nos habitudes sédentaires, nos vêtements étriqués, nous appelons beau, des collines ondulées, couronnées de vignes ou de bois, et fermant l'horizon ; des rivières et des fleuves bordés d'arbres, roulant tranquillement leurs eaux et répandant dans la campagne la fertilité et la fraîcheur ; des villes luxueuses, élégantes, fournies de tout le confort de la civilisation moderne ; quelquefois de hautes montagnes, de vastes et sombres forêts, des torrents et des gaves qui roulent avec fracas leurs eaux tumultueuses au fond des gorges.

Le beau pour l'Orient, ce sont les vastes horizons, le désert avec quelques palmiers solitaires, un ciel élevé et sans nuages, un soleil de feu.

Chacun se fait du beau une idée particulière, et chacun préfère son pays aux autres. En Orient, nous regrettons nos champs, nos forêts, nos verts peupliers. Les Orientaux étouffent chez nous, ils n'ont pas d'air, l'espace leur manque, et ils ont la nostalgie du désert et des horizons sans limites.

TABLE DES MATIÈRES

PROLOGUE

I

De Pougy à Caïffa

II

Le Carmel — Nazareth — Le Thabor — Tibériade Capharnaüm — Cana

III

Naïm — Samarie — Sichem — Jérusalem

IV

Jérusalem — Le Saint-Sépulcre — Le Calvaire Mosquée d'Omar — Mont Sion Voie douloureuse

V

Vallée de Josaphat — Jardin des Oliviers Gethsémani — Tombeau de la Sainte Vierge

VI

Mont des Oliviers — Couvent du « Pater » Bethphagé — Béthanie

VII

Bethléem — Saint-Jean-in-Montana

VIII

Jéricho — Le Jourdain — La Mer Morte

IX

Pleur des Juifs — Pentecôte — Patriarcat latin

X

Adieux au Calvaire — Départ de Jérusalem Arimathie — Jaffa

XI

Embarquement — Traversée — Marseille — Pougy

EPILOGUE

TROYES. — Imp. PAUL BAGE.

Nihil obstat

C. Nioré,

Censor.

Imprimatur

Trecis, 17 Octobris 1912,

† LAURENTIUS,

Episc. Trec.

www.ingramcontent.com/pod-product-compliance
Ingram Content Group UK Ltd.
Pitfield, Milton Keynes, MK11 3LW, UK
UKHW020154200726
13856UKWH00003B/989